百花何争趣，
一篮满堂香。
不与尘世违，
闲中岁月长。

一鸣东方白，
梦醒光明来。
雄鸡何逊凤，
吉祥处处开。

人生难满百，
总患万岁忧。
晨兴乐挥笔，
一扫昨夜愁。

来思雨霏霏，
依依松枫辈。
哀心何迟迟？
提篮漫采薇。

生为金石家，
三绝气自华。
西泠何所印，
十里观梅花。

在山人为仙，
九转伴花眠。
清气一往来，
莲舟天外天。

柏固傲霜雪，
难得伴梅花。
兴起唤童子，
杯酒待星华。

遗世无尘事，
独立享清凉。
夜深月为花，
灿烂为我香。

远望山水黛，
近观花草繁。
但得佳人顾，
斗酒诗百篇。

触目千百朵，
动心三二枝。
春风解桃李，
趁逢未嫁时。

与世难相伦，
君子终不群。
凭般婀娜姿，
甘愿碾作尘。

花开须应景，
果落亦有时。
萱儿枝头占，
盼有君心知。

红尘谁无染，
此生最相逢。
若到心许处，
只顾情意浓。

斗室清气满，
相对已忘言。
读书烦心事，
何如茶汤添。

鸟迹遗松枝，
鱼行隐溪石。
孤舟落日晚，
月上东山时。

江湖有风起，
层波浪叠浪。
喧嚣最高处，
花儿开其上。

段子 人生何求

一个江湖老总的人生私藏

滕征辉 著

中国友谊出版公司

图书在版编目（CIP）数据

段子 : 人生何求 / 滕征辉著. – 北京 : 中国友谊出版公司, 2017.6

ISBN 978-7-5057-4032-7

Ⅰ. ①段… Ⅱ. ①滕… Ⅲ. ①人生哲学–通俗读物 Ⅳ. ①B821-49

中国版本图书馆CIP数据核字(2017)第105232号

书名 段子 : 人生何求
作者 滕征辉
出版 中国友谊出版公司
发行 中国友谊出版公司
经销 新华书店
印刷 河北鹏润印刷有限公司印刷
规格 880×1270 毫米 16开
17印张 172 千字
版次 2017 年 12月第 1 版
印次 2017 年 12月第 1 次印刷
书号 ISBN 978-7-5057-4032-7
定价 39.80 元
地址 北京市朝阳区西坝河南里 17 号楼
邮编 100028
电话 （010）64668676

◎**推荐序**

君子好球

文 / 雨冠

滕哥是我们的大哥。

2001 年的时候，作为社科院八四级的硕士学长，滕哥为了更好地踢球，轻描淡写地给自己定了个小目标：那就去念博士吧。遂有了社科院八间房足球队，有了与我们这些小兄弟的缘分。

社科院研究生学校很小，在望京西八间房一共占地十三亩半，每届就招两百多个博士，一百多个硕士，一个专业一个学生，老师比学生多。“麻雀虽小，五脏俱全”，中午端着饭盆在食堂里找个座位随便吹牛，都能凑齐上下五千年的文、史、哲专业选手。

而除了吹牛，另外一项能把大伙凑在一起的活动就是踢球。

每天一到下午四点就手麻脚痒，直到滕哥的车开进院子，两声喇叭集结号：我到了，大伙赶紧的。

踢球的日子逍遥啊，尤其是滕哥在的时候。那时滕哥正值当打之年，兼着十几个公司的老总，屁股后面一群人等着找他办事。有时候他到的早了，就拿本书在球门后面看，电话放车里谁打也不接；有时候到得晚了，边换衣服边冲我们喊：“哥儿几个今儿多踢会儿啊。”他后面往往跟着好几个朋友，站在场外一边瞧一边等，踢完再一道赴饭局；偶尔，也会有红颜知己，眉黛朱红，忍不住在场外溜达喊两声：“老滕，加油！”

反正滕哥就是再忙也要过来，就算不踢，围球场逛一圈，闻闻这气味，似乎就像是充了电，一回生意场上便又可大杀四方。

我们最期待的则是听到滕哥踢完了路过食堂，一看这伙食，路见不平一声吼：“这哪成啊，哥儿几个，走着，门口吃烤肉喝啤酒。”

滕哥讲话，做大哥的就该埋单。我们认识滕哥十几年，直到现在跟滕哥喝酒，争着偷偷埋单，心里也总会犯嘀咕，怕大哥不高兴，都是在学校落下的毛病。

有年冬天，滕哥东北老家的朋友上午杀的猪，切了十几斤白肉，灌好了血肠，包好酸菜粉条子，三大箱子傍晚就送到了球场。踢完球，滕哥说今儿谁也不要走，隔壁餐馆趁着热乎劲儿，咱兄弟们猪肉粉条炖酸菜，整白的。

到餐馆，十几个兄弟长桌对饮，支三口大锅，滕哥让服务员端三个大碗，三大把独蒜，使刀背把蒜正、反各拍两下，装满，放酱油，白肉切小拇指厚，肥瘦相间，一筷子撩起，瘦肉紧，肥肉颤，蘸着蒜汁送二锅头一大口……

这才叫喝酒吃肉，作为一名南方人，我也偷偷地把自己的酒杯换成了大的，从此吃肉必须有蒜。

那晚大家都喝高了，聊文学，聊历史，说武侠，说梦想。有的说，我要写一本《民国狷者》；有的说，中国队不赢韩国队，我就不结婚；有宏观经济学老汤非要找虫老讨论诗歌，有诗词专业虫老非要找老汤谈谈宏观形势……最后，滕哥站起来，一饮而尽："兄弟们，大哥以前都想好了，以后有机会，我就默写《笑傲江湖》。"

骑最快的马，喝最烈的酒，使最锋利的刀，娶最漂亮的女人。金庸的故事来给我们下酒，古龙的梦想来为我们金蝉脱壳。那个夜晚有很多肝胆相照的话，但此去经年，今时今日，只要滕哥一句话，当年的那桌人，一小时以内就会从北京的四九城里冒出来，陪大哥喝酒，为彼此干杯，说些肝胆相照的话。

大伙就是爱足球，就是认滕哥。

滕哥五十岁的人了，但在我们受邀参加北京市中直机关足球联赛时，那还是右前卫的首发球员，禁区前沿三十米右脚外脚背，竟也能踢出几脚卡洛斯。我们在一起多年的默契，他在中场闭着眼睛也能找到给我出球的线路，屡屡给我助攻，就像在生活中一样。

说我们几个是滕哥一手带出来的一点儿都不为过。出校门时一张白纸，大哥一句话，给我们每人发了把佩刀就开始闯荡江湖了，看过如云美女，下过深井玉矿，和500强企业谈判，陪客户泡温泉，这世上的百态、江湖的苟且、人生的起伏，滕哥大肚能容，开口便笑，再大的事，在滕哥那里就一句话：“建欢，踢球去。”

“传家有道惟存厚，处事无奇但率真。”红尘里，既没有陶渊明的乡村供我们隐居，也没有孟浩然的山水供我们惆怅。

吃茶去，踢球去，滕哥带着我们入世修行，或有事功，不过是捎带手的事儿。

所谓笑傲江湖，就是君子好球。

我也默写一遍？试试看咯。

◎自序

不疯魔不成活——我的足球世界观

我是 1980 年考上大学的，现在看来，终于迎来了一个最好的时代。那时国门刚刚打开，所有年轻人像海绵一样，狂热地吸收一切有助于生长的营养。于我而言，治国安邦的志愿是有的，但个人爱好同样不可或缺，比如说围棋、武侠，以及足球。

下围棋，我是从看棋开始的，那时也没有观棋不语的自觉性，在辽宁大学第八宿舍里，隔壁寝室经常围了一圈人七嘴八舌。偏偏有一次，一个输棋的家伙拿我做了出气筒，那是个老知青，大我十来岁，一下子就让我见了血。但我奇怪地冷静，把事压了下来，没耽误他正常毕业，相约毕业前了断这事。只是一起分到北京后，只剩下一笑而已。

打架归打架，我跟班里的同学亚军学起了围棋，打谱、实战，渐渐地，难逢对手。1984 年来社科院读研究生之后，我与同学老魏棋逢对手。每到周末，我俩一瓶白酒对决，一手围棋、一手象棋，轮流着来，杀的是昏天黑地。后来，围棋下不过他了，这玩意儿太费心，老得计算，他与盛洪、刘琦斌等高手过招去了，我则拿了一次中国象棋亚军。

经商以后，我和聂卫平开了一家围棋公司，签了十几个各省冠军，教练是徐荣薪等，出了谢鹤等几个人。但一打比赛，各省、市就来抢人，后来都归了中信集团，拿了好多届中、日、韩对抗赛冠军。我也有收获，陈祖德签字，老聂在北京饭店的日本餐厅，给我颁发了业余五段证书，编号六百多，酒后说的那句话，让我小心脏受伤不少："这是企业家五段。"

有了网络围棋后，我的棋艺越来越差，干脆噼里啪啦地下着玩了，总在一段上下晃悠。后来为什么八年多不下了呢？因为下棋太浪费时间，一搞就是半夜两三点，后来忙于写作，我一口气把围棋和手游之类的全戒了，再也没有碰过。

我这样的年纪，打小读《三国演义》《水浒传》，后来爱上武侠小说，颇有些"金风玉露一相逢"的感觉，那是种回避不了的缘分。不管多忙多累，梁、金、古、温、黄五位大家的书，我是一本不落地全看完了。司马翎也不错，但我最喜欢的还是柳残阳，铁血江湖派，看了六十多套，不少还是港版，我的笔名傲楚阁，就出自于他笔下的大侠敖楚戈。有一次，我们几个社科院的去北大论道武侠，比比画画的，并没有华山论剑的感觉，最后都成了记忆力比拼。

直到现在，我也没有丢下武侠情结，十多年了，始终追读网络玄幻。最初是那本《诛仙》，后来英才辈出，开始喜欢上了猫腻，像《庆余年》《间客》，烽火的《雪中悍刀行》也是佳作，还有耳根、无罪、关山月等十几位作家，端的是笔下风雷、遐想无限，叫人拍案叫绝不已。

天蚕土豆、唐家三少的作品也不错，只是太过于套路，一般人读读还可以，资深武侠迷总是觉得不够过瘾。还有就是一些太夸张的，一拳捣碎一个星系的那种，一看就是游戏打多了。《余罪》刚出来，我就叫好，这作家会讲故事。

自己写畅销书以后，看的开始少了，在我眼里，书中都是些大大小小的坑，填法也大同小异。追的书越来越少，《择天记》早看不下去了，目前只剩一本《黑铁之堡》，也快收尾了，估计追书历史到此终结喽。以后，读读诗词、诵诵经书，看看朋友圈的奇闻怪事，武侠情结也就这样了。原打算亲手搞一个系列，商务一忙、心气再散，旧梦难圆了。

三大爱好中，算是从一而终的，看来只有一个足球了。京剧业内有句行话：“不疯魔不成活。”这句话太适合我了。爱一样东西，其实不需要多少理由，或者说，你能说出来的，都不是真正的缘起，这就叫命中注定。为了踢球，不知多少人断胳膊断腿，没过几天，这些家伙哪个不是活蹦乱跳地又在场上了。

比如八间房队里的曹哥，大我整整一岁，踢球风雨无阻不说，跑动更是积极，那投入劲儿跟上战场似的。前一段，他做了搭桥手术，做完就来了，说是看看，可没到一个月便踢上了，我和张队在场边大喊“注意”，见没什么效果，只好去嘱咐对方球员，千万不要硬抗他。

王国维在《人间词话》中描述：“古今之成大事业、大学问者，必经过三种之境界：‘昨夜西风凋碧树。独上高楼，望尽天涯路。’此第一境也。‘衣带渐宽终不悔，为伊消得人憔悴。’此第二境也。‘众里寻他千百度，蓦然回首，那人却在，灯火阑珊处。’此第三境也。”踢球这事儿，算不上什么事业学问，但我觉得，确实有境界的逐步提升。

开始是坚持，一到下午四点，心里就长草，脚痒得不行，非踢不可；再就是茅坑里游泳——奋不顾身了，丢朋友、丢文凭、丢工作，也是照踢不误；到了最后才发现，什么是真爱。最近几年，我们总踢夜场，灯光下清风徐来，与十几个队友大呼小叫，你会觉得：只要球在脚下，其他一切全都无所谓，那种难言的快乐像野草一样在心里疯长。

回想起来，人的一生既短又长，如果剪辑成为一部电影，都是由一个个桥段组成的。对于我来说，贯穿这些桥段的就是足球。那天在奥体踢完球，聊得甚嗨，师弟肖教授忽然跟我说：“人生多大事啊，无非是一些球事儿，滕哥您太值得写一写了。”于是在去济南的高铁上，我写了第一篇，一连坚持了近三个月没有断更。

我是按时间来写的。最初研究生入学，我们借住后勤学院，一球在手，马上啃聚了一彪人马，把人家的检阅台背景墙，踢得全是泥印子，连那颗硕大的五角星都踢歪了。接着，就与同住后勤学院的北京游泳队飙上了，连番大战。

刚搬去望京西八间房，在庄稼地边、图书馆前，有空地儿就踢，尽管一片荒凉，我们愣是打遍了周边，包括酒仙桥一代。那时在研究生院有个英语培训中心，结业证可以替代托福成绩，好不容易考上的人都很重视，我却因为1986年巴西对法国的那场球，丢了这个文凭。可能因此错失了出国的机缘，现在看来，也没什么大不了的。

参加工作以后，每到一个单位，我就开始组织球队，跟上瘾了似的，体改所、中化海南、中农信、华诚集团，自己的企业就更不用说了。举几个记忆深刻的例子吧。有一次与比较重要的几位领导开会，想要他们的一个上市指标，一到下午三点，我就坐不住了，说有外事活动，溜下去踢球，结果被顾领导逮一正着。还有开董事会不去，搞得董事长、副董事长亲临球场，半推半就地把我给架走了；有半个月，连续两次为踢球打架；还有一次因为踢球，把大型地产公司的职位都踢丢了，这事至今无悔，有什么啊，一个打工的，去哪儿还不是一样。

其实与国外相比，我们国内球迷真算是文明的。我记得巴西有一哥们儿，在一场重要赛事上，眼见主队球门要失手，掏枪把球给射下来了，搞得全场沸腾。神奇的是，这球竟然没算。还有神的呢，巴西一个踢野球的，突然匍匐于地，以嘴咬球，叼住一块皮子到门前，嘴一松、脚一抡，应声入网。嘿嘿，此球算进。

话说远了，坚持写下来的真正动力是来自朋友圈，每天点赞的人密密麻麻，很多人都劝我："出本书吧。"老冯说叫《人生和球》，汤哥说叫《球事儿》多好。

还得感谢爱奇艺的球友何无忌，感谢上一本书《交人先交心》的编辑王晓坤，他们把我介绍给了北京磨铁图书的周亚菲，她为编辑这本书倾尽了心血，历经一年多时间，终于打磨出了一本踢野球体悟人生的奇书，最终定名为《段子：人生何求》。

本书是自传体，以踢球为主线，讲述了太多的有趣段子，穿插了无数的人生感悟，交集了上百位学术界和文体界名人。

我现在职业做股权投资，但不管再怎么忙，一周至少要踢一场球，更多是两场，踢球已经成为我人生不可或缺的一部分。记得我在诗集里，曾胡诌了一首诗："半生无名客，闲散度春秋。病来懒去治，胖也不发愁；平日喜读书，啸聚可踢球。佛前三炷香，常做出世游。"

感恩所有朋友的大力支持！这本书中任何记忆或书写的错漏，均由本人承担。

顺祝踢球快乐！人生快乐！

是为序。

滕征辉 合十

2017 年 3 月 31 日夜

目　录

contents

第一章　初战万寿路

第二章　深巷明朝卖楼花

第三章　最贵的北京烤鸭

第四章　东哥和他的朋友们

第五章　笔筒理论

第一章

初战万寿路

没有比丢人更牛的了

念过大学的人都知道，综合大学比专科院校好玩，学文科的比学理科的好玩。中午下课时，男男女女有说有笑直奔食堂的往往是文科生，而戴着大眼镜、背着大书包、闷头闷脑低头走路的那些家伙多半是理科生。同在一个校园里，低头不见抬头见，平时碰不上，到了球场或者情场，文理科往往是较上了劲。

话说学生八舍住着学经济和法律的，学生五舍住着学生物和数学的，每逢院系大赛之后，两个宿舍楼之间的空地就成了比拼的战场。有一年暑假前，校足球队刚拿了个大区冠军，大四的老炮儿们都已打包行李，准备各奔东西，借着这高兴劲儿，全没少喝。

八舍率先发难，一个酒瓶子就丢了下去，没过十秒，五舍的一个热水瓶不仅扔得动静大，还激起一股白烟，仿佛遇到了空袭一样。八舍各寝室马上紧急动员，一、二、三、四，三箱空啤酒瓶子就跟扔炸弹一样，震得山响。文科生们激动得大喊大叫："嘿！哥们儿，怎么着啊？没电了吧？"没多大工夫，对面的窗户全打开了，人头涌动，伴随着吆喝，几十个热水瓶砸在地上，跟扔了原子弹似的，场景十分震撼。

经济系一哥们儿本来就特别好事，跟隔壁俩屋一撺掇，把三个打包好的破电视直接就给砸下去了，那声音跟打雷似的，跟着一批空啤酒瓶子也甩下去了，跌落之声轰然而起；数学系那帮人也喝多了，一见此情此景，眼睛都红了，嚷着说："显你们有钱哪，今儿陪你们好好玩玩。"没过几分钟，五舍的六层连续扔下五六个电脑显示器和机箱，尤其是机箱又大又重，砸在地上，那效果，整个八舍都没电了。

法律系一主刚失恋，毕业分配又被踹回老家，平时就喜欢踢球，今天刚和班里的一校队主力喝酒喝大了，一见对面叫板，真乃怒从心头起，恶自胆边生，和那主力拉起宿舍床垫就往楼下扔，跟着，他一个人站在窗台上，大叫一声："我 × 你大爷的！"从二楼一屁股就坐下去了。

两边的人全傻了，盯着地上，一时鸦雀无声。不一会儿，就见那主儿揉着屁股慢慢地爬了起来,指着对面的五舍嘶哑着吼道:“丢哇，丢哇，看你们还丢什么！我就不信了，还有比丢人更牛的吗？！”

初战万寿路

1984 年春天，我到社科院经济所面试，是第一次去北京。在火车上，我已记熟了路线，下来便上了 103 路公交车。首发站有座，但没过两站，我就让给了一个中年人，想起来，那家伙还没我现在大呢，连声谢谢都没说，估计也是一外地人，没必要跟我客气。

大学时的老乡魏辉，比我高两届，两年前就考入了社科院，导师是朱绍文和黄范章，研究方向是当代资产阶级经济学说。辽大时，他跑万米，每天不跑完都睡不着觉；我则爱踢球，见天地泡在球场上。原本连点头之交都算不上，后来，他跟我们八〇级学数学，我们很快就混熟了，毕竟我是数学课代表啊。

魏哥见到我特开心，说："咱辽大后继有人啊！"问我这届考来了几个，我说工经二班有个邢国均，听说七九政经有个魏志强，经济片应该就三位。他也扳开了手指头：八一级的左大培、崔丕胜，八三级的郑秉文、皮树义等。

那时，社科院研究生院分三个地儿，总部和老生在玉泉路的十一学校，八三级在解放军政治学院，八四级新生都去了后勤学院。上课则看情况，或去总部，或在后勤学院，有时还去老师家。至于新闻所，在《人民日报》那边，基本与我们没什么交集。

报到那天在十一学校，可把我乐坏了，那球场老棒了，标准的一个大场，摆小场的地儿也有的是。可等我一到居住的后勤学院，顿时傻眼了：就一个操场，全铺的大水泥块子，正前方耸立一观礼台，右上边是个红色的大五角星。

我在辽大养成了一个毛病：下午一过三点就坐不住，浑身发痒，必须去活动，有课都上不好。那时，我们两个同学一专业、俩导师，学得特杂，所以，社科院容易出通才。工经、农经的组成经济二班，世经的叫三班，经济所、财贸所的叫一班。

我们寝室一共四个人，都是性情中人，见我憋得够呛，便帮忙凑钱买了个足球。学经济思想史的老黎来自南开，贵州土家族，长得像外国人，踢球也猛，自称凑数的，但分拨时很受欢迎；真说起来，老大周欣虽是个狂野球迷，但几乎没踢过球，有时被拉来，帮着守守门。

秉才是镇江人，吉大经济系的，性格内向，属于标准的书生，平日里苦读经典，有一天静极思动，跑到场上胡抢乱踢，一通地撒野。忽然，他闭着眼睛一个起跳，正好顶在我眼镜上，俩镜片顿时就跟蜘蛛网似的，稀碎稀碎的。还好我眼睛就只是有点肿，并没大事。

我们班有个叫济光的，河北雄县的，也是二十岁，比我还好动，大雪天都得出去跑几圈。他是头号积极分子，一到下午就各个寝室砸门，拉人到操场，摆上小门就踢开了。要说学员一个爱足球的都没有，那不可能，但待了一年，愣是没见到一个来踢的，他们顶多在楼下打打羽毛球，还挺欢实的。

第一年课程紧张，不少同学经常要跑到所里，所以经常凑不齐人，或者刮风下雨的，大家窝在屋里不出来。我和几个小哥们儿照旧闲不住，对着墙上固定的某一处，轮流练习脚法，嘭嘭嘭地，不时发出欢呼。

后勤学院对社科院很尊重，知道都是研究生，那时候本科录取率也就百分之五六。可有回检阅，院长在观礼台上，指着背景墙大发雷霆："这到底怎么回事？看看看，把墙都踢出花来了！"

大战游泳队

80年代初，我们那时气氛特别好，拼命地学习经典，这是社科院的一大特点：尽量读原著，自己去思索。

记得有次下课，刘国光老师笑呵呵地给我们发烟，然后随意聊着，这事过去三十年了，我一直没忘。同学都来自五湖四海，看样子都不像什么三好学生，却不失学霸本色。那时，见面最多的是在食堂，看看外系女生，认认外系老乡。有几个文史哲的也爱踢球，见经济片成群结队，也过来套磁，后来也组了个小队和我们踢，记得有文学系的孟学龙、哲学系的肖阳等。

后勤学院正面角上，有个游泳馆特别正规，因为北京游泳队在那儿呢。后来，好多同学办卡去游，游完出来清清爽爽的，估计他们心里挺瞧不上那群浑身臭汗的傻小子，为个球傻跑，图个球啊！

有天人不够，忽然过来几个身材匀称的漂亮小伙儿，说是游泳队的。踢球这事不论出身，来就一起玩呗。一来二去熟了，他们说教练不让他们在水泥地上踢，很容易受伤什么的，他们有时在对门总后勤部分组踢。有天，他们的教练捎话，要跟我们踢大场。

我们同学还有一拨人打篮球，像德霖和老曲等，年纪大些，似乎觉得篮球多些技术含量。老曲是工经的，辽宁凤城人，其球风凶悍，在大连工学院（现为大连理工大学）都是厉害的。我们凑在一起，商议了半天，确定战略为：防守反击。

上场开打，那帮运动员身体真是好，撞得我们东倒西歪，但老曲除外。那会儿，我们有几个中场好手，比如基建专业的姜明，国民经济计划的阿郭，世经的沈华、老祝等，始终能控住球。我是右前锋，记不住进没进球，但肯定是赢了。

初战告捷，大家伙儿太开心了，本来就寄人篱下，踢踢球、喝喝酒，是周末最大的乐事。对方不服啊，很快又约了一场，弄了个大个子专门盯着我，把我摔得七荤八素，有一次急了，我揪住那家伙就踢，后来被拉开了。

踢球人没几个记仇的，球场事，球场了。下次再战，最好的报复还是进球，赢死你丫的！记不清一共踢了多少场，对方教练反正挺满意，夸我们踢得不错，更重要的是，调动了队员们游泳训练的积极性。

1985年春天，在十一学校总部，研究生院举办了一次运动会。魏辉拿了万米的奖牌，我得了跳远冠军。记得老大哥们动作特标准，腿在空中还摆了几下，成绩为：4.8 米，5.1 米……轮到我，一个飞踹就出去了，成绩 5.7 米。我还参加了 400 米，一分钟整拿第二，冠军是陈伟——58 秒，兰州军区专业队的，他足球踢得也好，只是很少跟我们踢野球。

十几年后，我与师弟建欢说起这事，他是体育天才，听了一乐说："跳远嘛，我怎么也得 7 米多吧。"

球袜的黏度

1985年秋天，魏辉毕业去了清华大学经济管理学院当老师，我们则去了北京东郊的西八间房。八三级、八四级和新入学的八五级以及院部，都搬到了这里。当时院内的基本建设还没搞完，一切都显得乱糟糟的。

四座楼呈长方形，最低的是食堂，靠河的是学三楼，住着文史哲；靠院的是学二楼，住着经济片；靠着庄稼地的是学一楼，住着所有的博士，这些师兄除了退休的，估计都是知名学者和部长。

说来也怪，楼群中间是片绿地和小道，从建成那天起，就没有学生在这儿谈过恋爱。为什么呢？知情者说，设计者是位右派，建筑风格是口棺材，谁敢在棺材底儿谈情说爱啊！

我和生态专业的金和辉一屋，两人都是夜猫子，一熬就是天亮。他有位湘西来的女朋友，所以经济比我还紧张。有时过了后半夜，我俩眼睛就绿了，开始捡抽过的烟头，甚至抢了起来，这在我们班算是佳话。

金和辉是北大生物系毕业的，他们中学他所在的那一届就一个人考上了大学，就是这小子，可见其聪明。他和崔之元最好，一本原著三五天就看完了，我呢，一个月也读不完，为啥呢？他们是学理科的，经济学对他们算简单的。

而我们文科出身的就不行了，当然也有例外，像左大培兄，就常来与他俩掰扯那些曲线和模型。我们屋的卫生是全楼最差的，比猪圈强不了多少，他埋头读书，我照例是天天踢球。

食堂后面有个小院，平房里面是图书馆和行政，平时没几辆车。由于是水泥地面，踢球很方便，我们一开学，就瞄上了这儿，十来人分两组，用衣服或瓶子摆成球门，大声小气地踢着，搞得满头大汗。踢完后，我们就拿着饭盒去吃饭。

后来出问题了，一是老踢碎玻璃，二是图书馆提意见：太吵了，影响看书，还有女生害怕不敢过。研究生院的人都好说话，知道踢踢球没什么，可影响太大也不行，反复交涉了多次，我们一想：算了，换地儿吧。

记得毕业照相时，学校大门还是轮廓呢，所以，我们那儿没门，出去就是庄稼地。往左拐是条小道，通往丽都饭店方向的京顺辅路，往右有块地，我们平整平整，就在那儿踢上了。

八五级不光人多，应届生的比例也大，像工经的武文辉也来自辽大，踢球极为凶猛，跟坦克似的。张平身高一米九，脚下活儿比我还细，但他还喜欢篮球、拳击，不怎么爱踢小场。至于肖阳，永远站在最前面，有球就是一脚，球丢了也不抢，搞得一拨的队友屡有抱怨。

想起来挺逗，我那时天天踢球，一个月都不洗一回澡，真不敢想象那些日子是怎么过来的。记得有一回，我脱去球袜，随手一甩，“啪”的一声打在墙上，竟没有掉下来。这事之后，我才想起：为什么在食堂吃饭，人家都离我远远的。

盯人盯到厕所

国内都市都有一道靓丽风景线：一伙伙背包踢球的人。他们背景复杂、性格迥异，可无论刮风下雨，都阻挡不了他们踢球的脚步。北京有多少支业余足球队？还真无法统计，其组成无非：同学、同事、同区域，或者其他机缘。

现在望京有章程的球队，应该不下五六十支，其中不少韩国队，经常搞各种名目的联赛。有一次，踢完球喝酒，我举杯不无自豪地说："老哥我差不多是望京最早的足球队队长了。"

1985年秋天，大家伙儿踢球久了，渐次有了组建院队的要求，团委和学生会当然求之不得，赶紧给这帮野马整个有约束力的草原吧。我们与隔壁的北京青年政治学院没少比画小场，屡战屡胜，早就不满足于内战，而想征战酒仙桥一带了。

八四级法律系有个储贺军，踢球一般，却十分热心，为组队没少策划，后来做了领队。他的建议是，干脆打一场，以成败来论英雄。那时，八四级高手如云，遂挑战八三级、八五级、博士及教工联队。

八四级优势在于默契，有一条完整的中轴线：后防老曲、中场姜明、前锋小滕，我那时速度奇快，挑球过人那一下，很难被防住。而教工有个小耿，刚从朝阳体校下来，球技高我们一大截，后来在首钢踢 8 号，但受身体所限，没踢出来。

有回踢完了聊天，他指着脚上的阿迪鞋，吹嘘说是赢的，他与人打赌：颠球能颠 1000 下。结果呢？颠了 1300 多。我故意表示不信，这家伙就来了个现场表演，颠了 600 多，球才落地，看得哥儿几个目瞪口呆。

大场不同于小场，要防住小耿太难了。憋了半天，我出了个馊主意：让济光全程盯防。为啥呢？济光属于那种连踢两场都不带累的选手，反正你过也不容易，刚过完，马上又贴上去，何况还有补防。

比赛在酒仙桥 798 体育场打响，刚踢了没几分钟，八五级老夏带球太黏，被姜明一脚断下，然后直塞过来，我的球形成单刀，推射得分。下半场，我又突破得分，最后 2∶0 完胜联队，也拿到了组队的主导权。

小耿急啊，被济光盯得毫无办法，中场休息时，他很郁闷地去厕所，回头一看，济光在身后两步还跟着呢，气得大声咆哮起来：“怎么着啊？尿尿都不让啊！”

多年以后，济光来研究生院，我给他弄身行头，又踢了一场，赛后喝酒，我给弟兄们介绍了他的光荣业绩，大家都笑得不行，纷纷上前敬酒。

大战八方

野球踢得久了，我们彼此间非常熟悉，所以组队是件水到渠成的事。比如右路，我是右前锋，中场是盛洪，他是八三级的，北京人，技术极好，不亚于他的围棋水平。右后卫是肖微，身高力猛，但他更爱跳拉丁和打拳，他是八四级法律系的，后来和老褚创建了君合所。

两个中卫是张平和老曲，头球和拦截能力均属上乘。本来推举老曲做队长，但他忙，不像我见天泡在球场上，所以，队长不是什么荣誉，而是种责任，就像电视剧里说的："弟兄们，跟我上。"而不是："弟兄们，给我上。"

头一个对手是丽都饭店队，我给那儿的经理的儿子补过课，算是联系上了。他们是北京大饭店冠军，有几个队员是从专业队下来的，教练是李维淼、李维霄。比赛还在798体育场，这家兵工厂很大，场地标准，还有看台。

赛前，我听几个人在说：“这队就前面那孩子挺快的，盯死就行了。”果然，一开场没几分钟，那位退役的老北京队员，一脚就把我眼镜踢飞了，我们戴眼镜的最怕这个，我顿时就蔫下来了，最后打我们一个5∶0。刚一结束，那家伙就跑过来跟我握手，还拍着我肩膀说：“小伙儿踢得不错。”

沮丧之余，拿弱队练练手吧，有人联系了财科所，就是财政部的研究生院，人更少，住在酒仙桥的一家旅馆。他们平时在隔壁的中学踢，有天邀请我们过去比画比画。

那场球踢得太爽了，大比分获胜不说，我还进了一个任意球，对我来说，那是很少见的。他们不服啊！其实，踢球的人没有服的，不服就再来，反正我们赢了七八场，可能也输过一两次。

有了组织以后，踢球方便多了，什么学校、企业，你说也怪，只要是个单位，保准有一帮踢球的。我们赢多负少，大杀八方，渐渐有了点名头。后来798厂说，行啊！我们来一场吧。那场球败得也很惨痛，不提也罢。

最后说说青政学院，这帮团干部别看平时人五人六的，踢球时却很猛，敢下黑脚。但他们毕竟人少，经常成为我们泄火的对象。我们两家住斜对门，那时没有什么望京，只有一片一望无际的庄稼地，以及小村落。

“望京”这个名字，圈子里是潘石屹起的。90年代初，老潘前来考察，说起个名，他的脑袋灵光一闪：“这不是能看见北京吗？叫望京得了。”

看球的代价

读研究生那会儿，有几件事挺难忘的：一是在食堂，王逸舟、赵士林几位博士与一外校的舌战。我去晚了，见那人说话有点不利索，老是重复，却能以拙破巧，任凭你的唇枪舌剑。我问身边的哲学系队友："谁啊？"他有点上火地说："就是最近火了的，北师大搞文学的那主儿。"

还有1987年元旦，北京八大艺术院校业余比赛选手过来联欢，有个唱得特别好的，一问是冠军，再问，叫刘欢。亚军是宋柯，后来和我踢了好几年球。

那时文史哲与经济片争学生会主席，搞得跟阶级斗争似的。唯一不影响双边关系的，就是我们玩球的，管你丫的谁上位？争个球啊！

研究生院就那么点人，都是抬头不见低头见的，文学系的崔子恩很爱和我打招呼：“小弟啊……”他们不懂球的人，喜欢叫我马拉多纳。我那时只崇拜马拉多纳，他那种横冲直撞的风格，彰显着男人该有的肆无忌惮。

班里的老周力挺的普拉蒂尼，在1984年的欧洲杯上，可是大大出了一把风头。对决终于来了：1986年墨西哥世界杯。当时，我俩各领一拨，要是东北话怒吼，准是我们马派；要是湖南话大笑，那肯定是普派。后来，每次见面，我都要提这事，老周总是愿赌服输地说：“那是马拉多纳的世界杯。”我虽然兴奋得跟过年似的，可损失却十分惨重。

社科院那年与南加州大学搞了个英语培训中心，我有幸考上了，分在一班。由于上课在建国门总部，我有时不去，一位后来做了领导的老大哥劝过我：“改革跟你有多大关系啊！还是先要把英文学好。”培训一年后，中心发个证书，说是可以顶托福来用，所以，想出国的同学都很重视。

考试前一天凌晨，是法国队与巴西队的世纪大战，这必须看啊！那是一场世纪大战，我看完十分兴奋，心想甭睡了，天亮后直接去建国门参加考试吧。谁知中间打了个盹，醒来一看表：哎哟，上午九点半了，怎么赶也来不及了。我找陈老师商量补考，美国老师Peggy也替我说好话，但还是不行。

我对足球是真爱，上大学那么穷，还订了一份《足球报》。“五·一九”那天，我和储贺军几个，拿了张板凳，站在后勤学院食堂的窗外，张望里面的一台小黑白电视。输给香港后，我郁闷得吐血，还给年维泗写了封信，力陈足协改革的意见。

多年以后，新的足协领导上任，他孩子的补课老师也是我儿子的班主任，领导让他找一家民营研究机构，为中国足球做份一揽子的改革方案，结果阴错阳差地找到了我。抛开以后的“叉腰肌”那些事儿，我感觉这人还是真心要做事的。我想了想，推荐了天则经济所。

据说，我那俩同学，去了跟老谢谈得很是投缘。不过，看到国家队这些年的表现，估计也没啥用，这不，十二强还没打完，高洪波就下去了，急三火四地请来了里皮教练。

永远的哥们儿

我一直觉得自己是二流人物，所以，平时没有出风头的烦恼。毕业论文是《城镇化的指标体系》，准备了好久，但答辩那天，师兄占的时间长了，答辩很快就过，后来看和导师们的照片，自己显得那么青涩。

我的专业是经济所的人口分析与预测，后分出来的人口所考虑留我，但我想去社科院经济所发展研究室，家成师兄也同意了，不过阴错阳差，我和同学彭哥一起去了体改所。

我的带头大哥是白南风，颇有侠风，只要本职工作做好，并不理会其他。那时社会片，主要是八七北大社会学那批，包括其光、楚君、小侯等。我们年龄相仿，趣向相近，没有非要只争朝夕的大志，有时踢踢小球即可。

刚进所里，大家都住在欣欣宾馆，男女老少都有，看到纪兰大姐一家其乐融融，我们都羡慕不已。后来搬家，一部分去了民族大学，一部分去了音乐学院，最终还是集中到了黄寺大街的人定湖北巷十一号。

那里原是中专，踢球场地不够，纵深几十米，打篮球还行。我们憋得够呛，抽空还是要踢，就用篮球架当门。我不知道其他运动如何，反正踢球跟吸鸦片差不多，很容易上瘾。开始踢小场，踢着踢着，队形基本就出来了。

除了北大的，还有行政一帮哥们儿，有个北京人玉波，踢过南开校队，速度、技术都没说的，一到大场，特别地好使。另外，人大的翔龙几个，也都是好手。

尤其是政法的老曾，那时体改所新来的应届毕业生，都得去贵州边远山区实习，所里的所谓海龙帮就是这么来的。这小子号称土匪，做人虽然一副绅士派头，但带球一蹚，无人可挡。我们哥儿几个的右路，煞是了得，打遍民院、音乐学院以及企业队，几乎没有输过。

老曾是部队大院长大的，最早来张刚的联络室，他比我们经商还早，干过好多行业，后来做了仙妮蕾德的塔尖。我出车祸后，找他请教，才皈依了净慧长老，所以，与其说是球友，不如说是师兄。

老曾走的那天，恰与傅彪同日，他俩还都是六三年的，我助念了两天，抢着买白玫瑰，一时京城告罄。后来在无助的时候，我还想过：要是老曾在就好了。有天，与晓龙兄提起这事，他很惊讶，说道："不会吧，那小子一抬胳膊，俩人都按不住啊！怎么就走了呢？"

美好是不可触摸的

体改所搬离人大对面的胡同，新址人定湖北巷十一号，百废待兴，鼓励部分新进人员自主租房。彭哥关系广，通过一个成都老乡，联系到了音乐学院，租金不高，还有食堂。个别羡慕嫉妒的家伙酸溜溜地说："住哪儿？哦……'淫'乐学院啊。"

那时，中国院刚和中央院分家，搬来健翔桥外的苇子坑，基础设施都谈不上，跟八间房那会儿差不多。我们四个人两间房，同屋小侯北大的，河南人，属于闷骚型的，为人正派、踢球认真。

不管学校大小，踢球总是有的。果然在楼门口，有五六个家伙在遛球，看脚法一般，高校系队的水准。我是自来熟，上去与踢得最好的那人聊了起来。他叫阿峰，院学生会主席，云南人，搞音乐教育的。

阿峰比我还大两岁，不开玩笑不说话，和我一样，周末必须喝顿大酒。那时酒友还有老管、小何，以及中央美院的老王。老王是郓城人，媳妇是音乐硕士，同宿舍的总也不来学校，所以，他喝并快乐着。

我觉得，搞艺术的人都很简单，他们拿着饭盒，一边走一边唱，仿佛在回味老师上课的内容。我们踢完球，有时也唱，不是《一无所有》，就是《妹妹你大胆地往前走》。阿峰有次喝酒时说：“学生们都觉得，你们唱歌的档次太低。”

夏天时，我们踢得较晚，有位姑娘总坐在台阶上，抱着膝盖若有所思。我们琢磨：看上谁了？阿峰一点也不客气，拉倒吧，人家马上到亚运会唱荷花仙子了，有心事而已。

我们踢来踢去的，阿峰把院队建起来了，我和小侯也算。第一个对手是前面靠四环的信息学院，记得我和阿峰一个屋一个屋地游说，总算把这帮理科男说动了，然后在附近一家工厂体育场开踢。阿峰打突前，进了俩球，牛得不行。

有一天，阿峰急三火四地来找我，原来他们艺术院校联赛，对阵美院。我速度快啊，就扮演了济光的角色，死盯一位老黑，那小子估计是非洲某国青年队的，把我晃蒙了。后来总结，我郁闷地一口干了，说道：“靠，我就奇了那个怪了，他手心怎么是白的呢？”

我那时的女友在师大，另外几位跟音院都有一段爱情故事，只有小侯修成正果，娶了阿峰的师妹，至今举案齐眉。有天，来了一个北大哥们儿，跟我们踢了一次，后来连着几天都来。蹭饭，不可能；爱踢球，也不像。

喝吧，他酒量很小，然后说了真话，他那天看到一个女孩背影，在夕阳下极其美好。过了几天搞课题，我跟他说，知道是谁了，钢琴班的……他却说：“算了，美好是不可触摸的。”

那时，我对经济改革抱有某种悲观情绪，曾改编过广告来福灵：“我们是害虫……”看到社会下海的风潮，很是有些心动，毕竟自己没有下过乡，有机会锻炼锻炼也是好的。

1988 年 6 月，我下决心去了海南经商。有天晚上，好多体改所和中国院的哥们儿为我饯行，喝了好多的酒。记不清哪个家伙说的：“你这一去，女朋友还不知道是谁的了！”结果，还真就不幸言中。记得院长李西安挽留了几次，叹息地说：“赚钱算怎么一回事？改革的人才难得啊！”

东郊椰林的夕阳

海南省是 1988 年 5 月 1 日从广东省分离出来，成为中国最大的特区。我那时在社会室负责一个课题，按南风的指示，为北京市写了一份社会分层报告，熬了几天几夜，完成后有好几万字。

身心疲惫之余，同学老曲找我："去海南创业吗？"见我不知所以，又加了一句，"就当上山下乡吧。"我立马就答应了。因为我一直觉得搞研究不接地气，也非己所长，人生多些历练总是好的。另外，我俩是队友，不愁没球踢的。

6 月 30 日，我下了飞机，在海南感觉跟蒸笼似的，后来知道是像桑拿。海口白天很热，但天天下午有太阳雨，并不难受。刚到了五六个人，还老出差，只剩我和大姐留守，财务、办公啥的，什么都干。公司在军区干休所租了三层小楼，民工搞得极脏，我们一点点把厕所、房间都收拾干净。

这几个月里，最难受的是没球踢，我下班后，偶尔跑去海南中学的运动场，那里人很多，分了十多拨，三对三，最多是五对五，我还纳闷儿呢：干吗不踢大场啊？踢球的全是孩子，说话根本听不懂，叽里咕噜的，也不欢迎大陆仔。还好也有大陆来的，我们自己踢，也跟他们踢。开始觉得赢那帮孩子跟玩儿似的，一交手可不同。那里是沙子地，跑不动、直打滑，倒是对手如鱼得水。

过了“十一”，中化总公司派来了一批干部，是来自人大、北大、广贸的研究生和本科生，都比我小一两岁。这下子可热闹了，从省水产公司下班后，我们自己做饭，或者出去喝酒、跳舞，还分两拨人：打桥牌、打麻将。

有次桥牌人不够，叫了打麻将的一人，老曲就问：“你打精确还是自然？”那小子眨巴眨巴眼睛说：“我打混合。”大伙儿一听对啊，国际上高手还真有把两种结合起来玩的。上手没几下子，他就露馅儿了，赶紧溜之大吉。

这时候张罗踢球就方便了，中学那儿可以玩，海南还有家师范学院，场地更好，就是远点，其实那时整个海口市，还没现在一个区大。三角地对面有个红绿灯，嘿嘿，全省就这么一个。

海口的海鲜真好，比老家渤海湾的味道鲜，而且便宜。那时几百元是硬通货，哥儿几个都不差钱，你请我请的，打那啥还没有，但打架可以有。有回去，见前面一妞儿风姿绰约，打赌谁敢搭讪。一哥们儿拎着砖头就上去了：“小姐，这是您掉的吗？”

1989 年，我想着回京考托福，出去留学算了。临走前，公司组织去了东郊椰林。在我的印象里，东郊椰林是海南最美的地方，椰树、鸟群、海浪、渔船。我们分成两队，在原始的海滩上呼啸来去，什么动作都可以有，倒钩太容易了，反正也摔不坏。

之后是大吃大喝，真正的饕餮盛宴，爽啊！大连一哥们儿学过点把式，提出摔跤比赛，三下五除二，撂倒了好几个。我看他那小体格还真没把他当回事，一交手，却是势均力敌。但他不是我们公司的，弟兄们都给我加油，助威声中，我把他按倒在地。

起身见霞光万道，只觉得人生是如此美好，我长啸一声，一脚把球踢向大海、踢进夕阳。

备考托福的日子

我拎包回京的时候，只有在人大当老师的哥们儿知道，一进门，他和一北京姑娘同居呢。我一下子傻眼了，便上楼找大学同学老贾，他毕业留在统计系教书，娶了人大的家属，他爱人见此情况，二话没说，收拾收拾就回娘家了。老贾没啥，但嫂子这份情谊让我感念一生！

我们这伙兄弟除了我，都是北大的，当初信誓旦旦留守祖国的大哥，一不小心，做了总指挥，抢先出去了。我们也考托福吧，哥儿几个以杰子的小黑屋为据点，一起复习、一起做饭，过起了抱团取暖的生活。

他们四个都有女朋友，我呢，女友回辽宁了，单位也被定性取缔了，真正的无牵无挂。每天下午，我准时去球场，和一帮学生踢球，后来认识一群人大家属，我们组成一队，一般的系队都踢不过我们。

杰子的媳妇叫小魔，大概指她有点魔魔怔怔，其实就是热心外向，她是北京物资学院毕业的，刚见面，杰子就让我猜，小魔是哪儿的人。我连说了五六个地儿，杰子急了："就你最烦的那个。"我脱口而出："上海啊！"小魔爱干净，见我臭烘烘回来，急忙轰去洗澡，然后摆上一桌亲手做的菜，边吃边聊。直到现在，我都没吃过比那更好吃的面筋，里面的肉丸子，香啊！

几个嫂子见我单着，都跟着瞎着急，小魔有个姐们儿绰号老猫，搞精神分析的，力大无比，可以把一男病人背到四楼。她们全都反对，理由是：这分析来分析去的，早晚你都得精神喽。于是此页翻过。

去海南前还有件事。我特别喜欢《一半是火焰、一半是海水》，找人联系了作者。那位朔哥很痛快：版权可以授权，千字二十以下归我，高出部分归你们。我和晓明师兄是在作者政治学院家里谈的，出来后，我俩说："丫真直接。"后来，我们给他安排了高校演讲，效果特别好。

1988 年那会儿很狂躁，一是健哥的《一无所有》，二是朔哥的《我是流氓我怕谁》。小魔的父亲是《十月》副总编，我们又与朔哥联系了，他已经搞了海马俱乐部，委托一事，就不了了之了。

1996 年，我和汤哥约小刚导演侃大山，他请来了朔哥助阵，不过，那晚大出风头的是汤哥，那俩还真说不过他。其间，我们总去北大，那会儿大家都很消沉，地球系有帮打桥牌的，没日没夜地玩儿，水平据说接近国家队。我和杰子经常换身衣服，去宿舍后面踢小场。

北大的球场条件是当时最好的，四周带网，不用四处捡球。但北大学生踢球太独，几乎没有传球的，就知道闷头自己带，进球特牛掰，遇到臭球就骂骂咧咧。也不是都这样，但我踢那十来回，差不多都这样。

成绩一出来，托福漏题，成绩取消、美元返还。我托福考了536分，申请的53家学校，没一家给我提供奖学金。我分别送到了机场的那几对，到现在都定居在了加拿大。

每每想起那段日子，都珍藏在了心灵的最柔软处。

求你了，千万别脱鞋

有位王哥与我缘分很深，看我没工作还傻玩，心里很急，经常找我去他家里改善一下。嫂子是北京人，对我特好，一般人去她家，都得脱鞋，唯独我不用，有次我不好意思，坚持要脱，两口子拦不住，都快急眼了。

某天同学聚会，我心怀感激，又说了这事。可能也是喝点酒，王哥说："拉倒吧，那回你脱鞋来家，为了放味，大冬天开了门窗，结果你嫂子感冒了半个月。"后来她说："算了，千万别让小滕脱鞋了，怎么说拖拖地也比感冒强啊！"

早在 1988 年，王哥就给我约过农信公司的一位总裁助理，谈工作问题。该公后来下海，做了不少大项目，其风格是单打独斗，自己坐飞机去谈，谈得差不多了，打电话叫来律师，签完协议，再去找会计师进场。那天，他和我聊了有半个小时，说现在进公司很难，最后说了一句让我至今难忘的话："我们这帮人，过去能吃别人吃不了的苦，现在也能享别人享不了的福。"

农信是国内数一数二的信托公司，下属公司很多，王哥当时在贸易公司做处长，见我出国无望，便把我拉去跑业务。反正我是一个人，所以一出差就是十天半个月的，虽然辛苦，却也自得其乐。

贸易公司总部在北京国际俱乐部，我为了方便，有时晚餐也吃食堂。晚饭后，我发现他们十来个员工在踢小场，便凑过去看，渐渐熟了起来。后来，我背着球包放到公司，这么一踢，他们觉得不错，邀请我参加了球队。

财务佟哥是北京人，也爱踢球和喝酒，我们一起进了俱乐部队，周末了去找他的一帮朋友。记得有回和人打起来了，那就一起上吧，不光动手，还动了家伙，结果进了派出所，蹲到天亮。

那时叫《治安管理条例》，不像现在，不揣个百八十万元，你都不敢出手。而且男人打架斗殴，没几个记仇的，再见面了，拉拉手，一笑而过，继续踢球。我记得佟哥有个特点，下班回家，必须先睡觉，然后再吃饭啥的，不知这么多年过去，他这习惯改了没有。

国际俱乐部是涉外机构，待遇优厚，各种活动也多，每周都约球，或打小联赛，队里有个中场，脚头硬朗，控球又稳，是当然的核心，我打右前锋，身后是阿坤，整天一副笑眯眯的样子，没少给我喂球。

一次踢完洗澡，阿坤又开始八卦，说起东北角这块儿要扒了，日本人来了好几次，想盖一座建国门最牛的六星级酒店，但一直谈不拢。末了，忽然来了一句：“哥们儿，你们这么有钱，干脆接过去算了。”

我还真当回事了，专门找了国际俱乐部的副总大姐，她说：“行啊，对面不就是中信的巧克力大厦吗？”中信、农信差不多啊！我回去汇报，那时总经理是医保进出口公司退下来的，压根儿没理这茬儿。

前两年，我在国际俱乐部酒店张罗婚礼，遇到了阿坤，他带俩保安，估计是混上位了。嘻嘻哈哈闹了一会儿，他说：“你看看这楼，哥们儿你错过了多好的机会啊！”

这是谁呀？

1994 年的一个夏夜，从不失眠的我忽然辗转反侧起来，原因是白天公司表彰会，领导亲手将最高业务荣誉——金犁铧奖，颁给了我。而只有我自己知道，为了这个包金的玩意儿，我喝了多少酒、受过多少煎熬。

当时，我主要与各大领导打交道，还有各军种，他们的资金长期放在银行，低利率，也低风险。受托理财分两种：信托，保风险；委托，风险自负。而按照规定，这都得通过信托公司来完成。

1993 年 3 月 19 日，我带了一张 5000 万元的汇票去海南，是航空结算中心的委托业务。在头等舱遇到一个老人，很厚道的样子，我们聊得挺好，他说是中组地方局的，还不是局长，我一听，还蛮同情的：混一辈子了……

临走时，他给我写了俩电话。我说："您是张金景？"他微笑："是全。"直到第二天看报纸，才知道人家职位不低。后来遵嘱寄《中国农民》杂志，那秘书笑得不行："我们部长一提你就想笑。"

思考了一夜，我决定见好就收吧，第二天毅然提出辞职。老板自然不会同意，尤其是洪总。之前，我追随杨大哥筹备北京招行，他就给否了，还说除非给十亿元转会费。人家也乐了：正筹备呢，哪儿来的这种条件。

新来的领导其实挺烦我的，因为刚来大家为他接风时，他说认识不少大领导，有什么事尽管说。而做资金挺偏门的，一要安全、二要合规、三要效益，哪是上下嘴唇一碰那么简单。

后来在农信关闭时，这位老哥与我也成了好兄弟、好朋友。前些年他生病走了，我们很是怀念。

离开农信，我算是自由了，把酒给戒了，见天地找人踢球。我一哥们儿老吴，承包了奥体所有的足球场地，效益不好，见我成天泡在那儿，马上奉为上宾，给我介绍各路人马，开口就是："这是滕处长，搞资金的。"

朋友李哥借我一辆老奔驰，劝我帮他融资炒股票。鉴于之前的教训，我坚决不干，说道："行了，小克，要是做金融去哪儿不行，用得着到你那儿吗？这玩意儿风险太大，我可不想出事。"多年以后，李哥还真出事了，在里面待了好多年。一天在昆仑洗澡，我俩竟然不期而遇，拉着手聊起来没完，我依旧戏说："亲家，你可头发全白了。"他说没事，然后介绍起各种项目，而我真的不感兴趣。

也巧了，当时旁边有个全身黝黑的人，很健硕的样子，被一群人围着，叽里呱啦谈项目。我觉得在澡堂子聊这些很怪异，问李哥这谁啊？李哥奇怪地看我一眼，回答说：“是你进去了，还是我进去了？那不是爬珠穆朗玛峰的那主儿吗？！”

第二章

深巷明朝卖楼花

深巷明朝卖楼花

有回去澳门，朋友介绍了一位大佬，寒暄似的握握手，看到他的身影闪进酒店，我忽然发现手里多了一沓子港币。朋友在一旁笑了：“没事，看你顺眼，送你玩几手。”我说有这规矩吗？他说狗屁规矩，大佬就是规矩。

不久大佬来北京发展，在阿一鲍鱼请吃饭，一顿花了好几万元，然后给服务员发小费，除了我有点吃惊，别人都安之若素。后来我进了圈子，每周都去几次，每次都点一瓶路易十三，也没人喝，还是除了我。

有几年，我们每晚去大佬家里，然后晚上出去，几经消费，等从小段的饺子馆出来，天色已经空明。我自觉这段时间收获最大，老人家曾跟我说：“中国不缺书生，更不缺流氓，缺的是流氓书生。”

大佬喜欢行商，我和一位华哥极力劝他干地产，因为贷款需要担保，而信用担保越来越难了，还是圈地最划算。那段时间，我们四处看地，只看好地，后来下大功夫，拿下了朝内。

记得管地的大叔跟老板要了一幅字，连我都蹭了一幅：“小楼一夜听春雨，深巷明朝卖杏花。”我拿了字，琢磨了好久，啥意思呢？叫我少去歌舞厅？有次实在憋不住了，当面请教了一下。老板看了我一眼，平和地说：“就是让你好好卖楼花。”

华哥长得很帅，是老北京二队的，后来国安不要了，七八条枪去了深圳队。我感觉，他们球技没长多少，倒是有了商业眼光。华哥与人合作，最早开发了朝阳公园，那个八号公馆在它对面，比它晚多了。

像他这种踢过专业的，没球踢哪受得了，我就组了国利阜康队，把他们一帮人都收编了。他们教练是洪元硕，瘦瘦的，能喝点酒，初次见面时，他们没好意思多说自己，只说洪指导是高峰的恩师。那时，洪指导没啥事，也算是我们的挂名教练。谁又能想到，他为北京拿到了第一个中超联赛冠军呢？更不会想到，他走得这么早。华哥他们估计是伤心透了。

华哥的球技一般，把式挺有范儿，长传很准，但带球没有威胁，很少得分。另外的哥儿几个挺厉害，拿球极稳，有时故意过完后卫，把球喂我射空门，弄得我很汗颜。

那时，我与刘敏新指导也很熟，老头是我老乡，八一队的老教练。一次方庄、一次望京，我看他和家人吃饭，悄悄把单给埋了，然后去打个招呼就走了。十几年前常有这事，给面子嘛。比如我喊埋单，服务员则说：“某某桌的客人为您埋了。”

我们惨败的一次，是对李维淼老师的中粮队，是那年的经贸部冠军。他们请了一帮专业的，如袁强、陈东几个，没法防啊！结果打了 1∶9。输就输呗，关键是守门员喝多了，你说上午 10 点的球，你喝的哪门子酒啊！

比赛中，这哥们儿每次做动作都晚那么一点，让球从指尖滑过。华哥劈头盖脸一顿臭骂，他还挺委屈，解释道：“我没喝多少啊，才四两。”

飙爷挡不住

按照公司的意思，我是个摇羽毛扇的角色，把集团的资金头寸搞好就行了。可我确实不习惯待在一群广东人中间，那种圈子很现实，也讲义气，但没有情怀。有时，他们在打麻将，我一个人捧本英文杂志看，显得怪怪的。

在农信那会儿，我曾给头儿推荐了《曾国藩》和《胡雪岩》，他又往上继续推荐。大老板极有情怀，经常在业务会上讲哲学，比如针尖上跳舞啥的，这一点影响了我们一大批人。他的讲话印成了《中国市场经济之源》，可以说，我是拿着这本书出来创业的。

大老板对书的评价无从可知，不过，公司办公厅忽然发放《曾国藩》，部门以上领导人手一册，还让汇报学习心得。好几个人找我聊这事，我虽然级别不够，但体会总是有的，那是我一生的座右铭：养活一团春意思，撑起两根硬骨头。

既然下海经商，自然要学习胡雪岩，关于他的说法很多，我觉得南风兄的总结最为精妙：花花轿子众人抬。就是要懂得人情世故，会抬轿子的人，肯定不缺给自己抬轿子的人，出来混，这是最起码的道理。

然而，胡雪岩失败在两方面：一是把女人当礼物送，最后众叛亲离；二是卷入官场斗争。虽说是身不由己，但也说明他的格局还小。冯仑师兄的点评就高了一筹：有靠山尽管舒服，但越来越热乎的时候，必须注意了，它有可能成为火山。

啰啰唆唆半天，是说我对胡雪岩的阜康钱庄很感兴趣，那时我兼了十几个法人代表，不少带有“阜康”字眼，比如国康实业、国利阜康、阜康期货等。后来的实践证明：照猫画虎的行为，只能是东施效颦的结果。

公司最早在亚运村G座，最早的七八条枪都是哥们儿兄弟，没谁懂得经商，最逗的是老W，用做编辑的行为搞管理。多年以后，某个员工跟我大抒别情，忽然说特恨W总，言道：“整天拿个本子在那儿记，也不知道在记啥，搞得我可害怕了。”我把这事学给W哥听，他也笑得够呛。

我的助理叫飙爷，是我同乡，当过连长，开始挺不习惯干杂活儿，觉得在部队连袜子都不用自己洗，现在见谁都得点头哈腰的。不过，也有痛快的时候，就是踢球。一到下午四点来钟，不管我在干啥，都推门进来说：“大哥，都准备好了。”别人还以为多重要呢，赶紧说：“您忙您忙。”我在车上一边换衣服一边问：“今儿跟谁踢？”

这小子速度奇快，突破那一下子，一般人挡不住，然后就是一脚爆杆，从不传给队友，为这事，我没少说他。飙爷是南京通信学院毕业的，智商情商都极高，就是部队待久了，抵挡不住女子的进攻，也是曾经沧海难为水。现在他经营两艘船，效益一直不错，我去大连，都住他家里。

这小子喝酒不比我差，知道我喝多了，准提两件事：一是赶紧和红颜知己把婚结了；二是一件趣事。有回，我夸飙爷开车稳，边儿上有人忍不住开腔了："拉倒吧，你在车上那是六七十迈，一转身，一百八都挡不住。"

我和员工把球踢

有段时间，公司想搞个接待场所，我们就四处去看。先是香山有三十亩地，风景极佳，但配套较麻烦。1994年年初，保利集团的张哥推荐了通州焦王庄，那儿是民兵武器陈列馆，还有一个靶场和鱼塘，加上京通快速的开通，各方面都很方便。

那时，公司四处出击，业务非常繁忙，我每天晚上都要接待两拨以上的客人，搞得精疲力竭。我的放松方式有二：到歌厅唱歌，或去外面踢球。唱歌陪客人居多，我们东北人嗓门儿大，唱个《大花轿》《姥姥》啥的，毫不费劲。

那会儿有个刘哥，最喜欢《欢乐颂》，每次必点，他们公司年会，还专门把我拉去，与他合唱。要知道，那天都是专业的，包括唱《阿姐鼓》的那位。唱得久了，负责音响的朱子常给我们录下来，有时，刘哥还在自己车里放，挺得意的。

某天，歌手蓓子来玩，这孩子随和，与刘哥对唱了一首《明明白白我的心》。事后一放，刘哥的声音基本虚掉了，人家可是真真的，跟原唱似的。打那以后，我们再也不好意思录歌了。

有时三更半夜，我就一个人在那儿唱，主要是舒缓的情歌，用自己的理解和发声，女歌男唱，比如蔡琴、王菲、韩红的歌。这样不仅自在，而且安全。因为公司人多了，博弈路径也多了起来，像我又直，经常被歪曲本意，所以，与其倾诉，不如唱歌，因为每一首歌都是一种人生，唱的过程既是抒发，也有考虑，好多决定都是这么做出来的。

这也难怪，有人爱打高尔夫球，有人爱游泳，也有人喜欢泡澡，做自己爱做的事情，往往是思想最活跃的时候。有位朋友爱在歌厅听别人唱歌，就是这个缘故。

刚开始的时候，条件很差，我领人在墙外平整了一块地，和一帮人踢。有时来朋友了，那是再好不过，比如海南的老弟兄，一块儿踢球、一块儿喝酒，然后天南海北地侃大山，那真是享受。

不过有一回，老郭的钱包丢了，里面可是五位数，我们一查，一位负责桑拿房的服务员不见了；再一调查，这孙子竟徒步从四川老家，翻越边境，去了土耳其。果然，这人再没见踪影，公司招收员工也不得不严格起来。

平时没人了，我就带着俱乐部的保安、服务员以及厨师踢，摆俩门，吆五喝六地踢了起来。他们技术一般，也不敢对我下脚，所以，没什么竞技意味，但多进些球，总是令人愉悦的。

比较上瘾的是厨师长老何，粗粗壮壮的，动作笨拙，可特别能拼。有时候，客人不多，我就喊他，一听“滕总叫你踢球了”，他便边解围裙边跑了出来。离开俱乐部的时候，老何是最伤心的，掉着眼泪跟我说：“这辈子不知还能不能跟您踢球了。”他家在昌平山区，捎话让我们去玩，还送些大枣什么的。

有时候想起来，公司做得好坏是暂时的，而踢球人之间的感情或许才是永久的。

送礼要送脑白金

京通高速刚通车时，县政府给我送了一个通行证，免费三个月。那时也没啥车，开得很快，胆子也大。一哥们儿说："开车与做生意一样一样的，越整胆子越小。"

搞笑的事也不少。有两个大领导午饭前，在鱼塘钓鱼，其中一位平心静气，一会儿一条，一会儿一条。另一位急啊，一会儿换个地方，一会儿换个地方，竟然一条没钓到。要知道，我们事先已经安排好了，连食都没喂，看来是心急吃不了热豆腐。

有段时间，一个部委一个上市指标，有家边缘的部门开始也没重视，不了解上市公司的价值。我受大股东的委托，约到俱乐部来开会。那天差不多要定盘子了，我在下午四点多钟就往外走。

其中一位老兄跟我较熟，叫住我问："你是不是要去踢球啊？

定完再走嘛。”我说，那是领导们的事情，我还是活动活动吧。为这个，他晚饭时数落我半天，最后罚酒了事。

还有一次，某部门领导来打网球，喊我一起。我说打了个“网球肘”，只能踢足球。他看了看，有天带了一帮小伙子前来，把球网一撤，摆上小门开踢。晚上吃饭时，我都蒙了：全毕业于一个院校，在不同地方工作。

那会儿，我很喜欢一家乐队，到酒吧看他们演出，有时外边喝，有时来通县（现通州区，下同）。那是一个冬天，我带一帮人与他们在网球场开练，踢得特别过瘾，吉他手阿越的皮裤子都给摔破了，把他心疼得够呛。

多年以后，我见到了主唱老弟，谈起阿越因病去世，都不胜感慨。我问他干吗呢，怎么不唱了？他说：“没有啊，电视不是一直在播吗？今年过年不送礼啊，送礼要送脑白金……”

用脚扇嘴巴

逢年过节时，我发现来电话最多的是以前的司机及身边人员，助手基本没有音讯。按理说，受益最多的，最应该感恩，其实是大缪。后来，一位副手无意说了一句："如果我当年去了中 × 公司，会如何如何……"

这里面有个道理：国企的资源性最强，因为没有主人，你有机会成为主人翁；而民企老板的嘴脸不好看，沾亲带故的也太多。对能人来说，最好还是国企，得便宜还可以卖乖；跟民企混，占了便宜还嫌少呢！

过去有个铁饭碗的说法，后来都归结为五险一金。其实，在人权制度和道德文化不断完善的过程中，无论国企、民企，管理都有一定程度的潜暴力。我曾问过不少人：有谁敢公然反对单位的"一把手"？

我对俱乐部感情很深，那里有喊大哥的，有叫老板的，更多的还是叫总。那帮保安都是河南周口的，不少是专业队下来的，个别还是全国散打和拳击冠军。他们认大哥，也认俱乐部，有个员工偷喝了饮料，被他们发现后，好一顿教训。

由于场地较好，焦王庄的孩子们也来踢球，有几个技术不错，能突能带，经常和我们打比赛。那天，有个大个儿中学生踢了我好几次，我有点急了，冲他吼了起来。

谁知道，新来了一位兄弟的表弟，以前是少林寺护院的，啥也不懂，见状二话不说，用脚就给了几个嘴巴子。你想，他才一米六，北京那孩子至少一米八，可他扇起来毫不费力。我赶紧喝止，比赛也没法进行了。

晚饭时，孩子家长来了，要讨个说法。我只好赔着笑脸，好说歹说地哄走了。事后经理都说打人不对，我说没什么啊，踢球这种事，本来就是力量至上，他一练武的，总不能去端茶递水吧。但他们闹来闹去，捅了大娄子，最后作鸟兽散了。想来还是做大哥的责任。

有时半夜，我们开车去县城的另一头，那家的烤串冠绝京东，一点就是几百串，我平均是五六十串，加五六瓶啤酒。吃了十来家，我们还是订了一家最棒的。每次去，老板都拿出一副扑克牌，我们一边喝，一边打着诈金花。

回去也难受啊！我们或者唱歌，或者做游戏，有时踢足球。大半夜的，十几号人大喊大叫在网球场踢球，真是爽歪歪了，就是客人睡不好觉，不认识的，也不用理；认识的或骂几句，或者干脆下楼一起玩儿。

尤其是喝完酒后，听汪峰的《我真的需要你》，那种情形至今难忘："现在我觉得有些孤单，悲哀的自我有些辛酸。没有爱也没有存款，只有去幻想才感到一丝温暖……"

等会儿，让我把腿安上

夏哥曾说，身边有两种人不能得罪：厨师、司机。我问为啥？他说，因为他们关乎你的安全。那时国康公司有不少司机，想起来，都有不同的性格与经历。

话说老王，人特别厚道，就是笨点，有回大型活动，眼瞅着他把奔驰倒到另一辆车上了。看我眼冒火星，身边的张老师赶紧过来，用眼神制止了我后，轻声细语地安抚起来。说来也怪，公司那么多人，她偏偏看中技术最烂的老王，每次都点名找他。

还有小杜，整天笑眯眯的，车开得是真好。记得有回“十一”去坝上，回来时飘雪花，路滑车多，愣是稳稳地开了下来，据说车上的人吓得都不敢往车外看。这小子很得姐姐们的欢心，传言不少，我也是姑妄听之。

有位老哥是老北京，特别能白话，非让侄子来公司。那小子挺帅，就是眼神有点邪，没两天就跟出纳腻歪上了。有回我用车，那是一辆道奇，王永庆送了老板五辆，我们有两辆。我在车里发现了一个用过的避孕套，不由得大怒，一查，正是他侄子“作的案”，当即打电话，把两人都开了。

最贴心的是山东人小张，听话敬业，离开十多年，逢年过节必来问候，有次还带妻子和孩子来京看我们。但这种复员兵也有问题，把什么车都当大解放来开，两百多万元的车，把排气筒都撞漏了，进沈阳那回，声震十几里，汽修厂的师傅一边修，一边笑：“哥们儿，你是开坦克出身的吧！”

小孟也是山东人，父母都是武术教练，小时候有次他被大孩子打了，父亲不让吃饭。他急眼了，蹲在墙头上，一板砖把对方撂倒了。这回他爸乐了，拉着他的手说：“走，儿子，下馆子去！”

这小子拿过六个冠军，跟我的时间最长，惹事也最多。每天下班都半夜一两点了，他开着那辆甲 A6x6x，到南城运鞋。

有回，朋友推荐了一女孩，长得眉清目秀的，说是 48 公斤级柔道全国冠军。我说行啊，那就开车吧。结果不到两天就撞车了。小姑娘急了，下车就给人家一个大背跨，说人家要砸她饭碗。

那几年，把阿静累坏了，每天休息不到八个小时。后来，调到音乐报社当社长助理。

有一天，田震忽然要请我吃饭，社长调侃我：“这事节奏不对啊！”果然，她与阿静都是门头沟出来的，什么相见恨晚之类的话。我说得问当事人啊！不用问，阿静当然是求之不得，就这么去做老田的经纪人了。

阿静走了不放心我啊，让师妹老三跟我，这位是男孩性格，够冲够猛。有回辽宁分行行长下车跟我说，你这司机，半路下车吵架，直接把一男的给揍了。她与我感情极深，多少年了，一直把我当作亲哥，有回某人说三道四，被她指鼻子警告。

我和女足的缘分，正是起于老三。因为她是北京女足第一批队员。她从柔道队下来，在女足踢了好几年，和老魏、李秀馥、阿萍等都是队友。我们在通县踢小场，有时，老三会突然停下来，原来她的膝盖脱位了。老三说：“等会儿，让我把腿安上。”揉搓了一会儿，她起身如常，比赛照常进行。

什么情况？

2015 年春天，我跟随体改会课题组去湘阴，为当地政府编写“十三五”规划。白天很忙，晚上照例有酒喝。一天，老冯神秘地说，来熟人了。果然在他人陪同下，体改所老哥们儿阿宇出现了，专门从长沙拐道而来。

喝完以后，我们到茶室聊天，我说那玩意儿淡了吧唧的，继续整啤酒吧。可人家不让，小姑娘喋喋不休地科普，教导我们：“在这么高雅的地方喝啤酒，是多么没有档次。”不知啥时候，阿宇溜达一圈回来了，顺手递给我一瓶洋啤，原来这哥们儿特意去超市买的。

我们体改所有个海龙帮，是 1987 年秋天，新进人员去贵州海龙农村考察锻炼时，一帮哥们儿的称呼，帮主是带队的菊姐。我和阿宇没有去，他从社调室来社会室，和我一起配合南风兄搞社会分层研究。我都去海南了，他还专门告诉我：研究成果发表在了全球最高水平的美国《社会学》杂志，集体署名。

其间，阿宇带我回他母校南开，办完事，我强烈地要求踢球。他是山西人，为人和善，找了几个师弟陪我，我可就撒了欢儿了，在场上横冲直撞，只听到一句句天津惊叹号：“介哥们儿、介哥们儿猛啊！”

我至今念念不忘的是，晚饭后下围棋。阿宇跟献宝似的，领我去研究生楼，找了一位排名第三的选手，我气势如虹，中盘胜之；接着是亚军，那小子棋很细，一直领先我，没承想，中盘出了个漏勺，被我吃了一块；最后是冠军，那时我已经挡不住了，把棋盘敲得山响，在一大群人的围观下，将他挑落马下。阿宇那个乐啊，老解气了。

我们所很忙，据说陈老大听到建足球队，还挺惊讶，但他们也理解，毕竟是一群年轻人嘛，调节一下身心也好。我不过瘾啊，常去附近的北师大踢球，踢了一身臭汗，然后去女生宿舍找女朋友，一起去食堂打饭。

后来怎么混入师大女足的呢？我还真记不清了，这事另文再说，郎导也帮我回忆回忆。我记得是 90 年代中期，我们经营《三联生活周刊》，杂志社有位熊老弟，酷爱踢球，听说老板爱球，立马引为知音，带我去和女足一起训练。

郎导为了提高对抗性，有意与男子打比赛，踢着踢着，我就认识了师大的一位家属老孔。这哥们儿打小踢野球，有一手护球的绝活，把球颠着、踩着、挑着，玩高兴了，三个人都抢不下来。

还有一坏小子阿龙，北京二队的，也进过一队，给高峰拎包，有时高哥高兴了，一双新球鞋就甩给了他：“拿着，阿迪最新款。”我干啥事，都喜欢和比自己强的人在一起，所以，我们仨在一起喝小酒。

听北京人侃大山，其实是一种享受，可惜老北京的悠然自得已经渐渐消失，世道逼人强啊！他们告诉我：不要急于出球，有时可以调整一下再说；踢球很关键的是接球，这是水平高低的分界线。

我最长球的一段，就是跟这哥儿俩在一起，学会了一点：踢球一定要自信，永远不慌张。比如老孔护球，经常是：一边做动作，一边挑逗：“什么情况，啊，这是什么情况……”后来我一去师大，一定四处“撒摸”：什么情况呢？丫今天来不来啊？

有一年，哥儿俩给我拿了一身球衣，上面印着：“涌金××号”。一到球场，我发现打的是北京金融界的“涌金杯”，心中不免纳闷儿：这公司和银行证券凑合什么啊？队里有个总打前锋的，水平与我相近，阿龙他们有球就喂啊，好像得了最佳射手，球队也胜了交行夺冠。

他俩得了奖金，请我喝酒，我每场能踢半场，没做出啥贡献。酒过三巡，我说：“问过朋友了，咱们队的老板叫魏东，江湖人称涌金系。”

2014年，我在高铁上发现一帮人，自带十多箱啤酒，边吃边喝。我忽然一扭脸，看见了阿龙。这哥们儿没什么变化，煞有介事地嘘寒问暖，说他们是北京电业的，组织去广州打比赛。我说，你们那么有钱，怎么不坐飞机？他说，你不懂，高铁虽然贵点，但是可以报销，机票不行。

阿龙在外地搞了个院子，把家人安顿得很好，还给我破解开发商用电的种种秘籍，顺便拍拍我说："有事尽管说话。"我觉得，有时不期而遇也是人生一喜。末了，忽然聊起2010年有一个人从自家楼上跳下来自杀的事，他沉默了一会儿说："他要是像您一样爱踢球，没准儿什么事都扛过去了。"

老来踢球的胖子

好多朋友见我的身材，都不相信我还能踢球，我只好解释：这叫壮，不是胖。只要坚持踢，球性好了，踢大场都没问题。接着，又说我靠体格撞人，这话仍不准确。队友都知道，我极少用身体，一来容易受伤，二来源于一件事。

有一次，北师大女足打分组赛，郎导通常扮演右后卫，一脚一脚地长传，又准又稳；另一位指导仗着年轻，强突硬蹚，不停地分球。对方有一女孩姓杨，国青队的，作风凶猛，敢抢敢断。结果与我对上了，直接被撞出去五六米。

郎导马上鸣哨，脸色变得铁青。幸好没什么大碍，比赛又继续进行了。打那以后，我跟女孩踢球特别注意，几乎不使用身体，出球很快。弄得郎导还夸我："你们学学滕总，一定多一脚出球。"

有一回，我们与女足打大场，左路阿迪是业余比赛最好的前锋之一。这小子玩坏，摸女足队员的裆，一而再，再而三。这种穿裆球本是大忌，何况还是女孩。我一下子急了，骂道：“你丫还想踢不想踢？不想踢，就下去。”他也知道不好，跑去跟郎导解释。后来，再没带他玩。

某天，我们正在比赛，忽然来了几个女孩，与郎导有说有笑地聊着，过了一会儿，连衣服都没换，就上场了。其中一个留着短发，又瘦又黑的女孩，一脚把球从对方禁区踢到了我们禁区，很是有范儿。我说不错啊，谁呀？一队友说：“北京队的李洁。”

很多球员都是体校出身，往往上了专业队，再去高校进修，或者退役后读大学。我在师大那会儿，有商珊、范运萍、尹红梅等，还不算那些现役的。有次聊起谁的水平高，我说：“以我的感觉，水平越高的，比赛态度就越认真。”

北师大女足拿过世界大学生运动会的冠军、第三名等，在高校里近乎无敌，在女足联赛中属于中等水平。每次赛后，我都跑去庆祝，即使近年联系少了，郎导也给我通报，有了微信后就更方便了。

一次，记不得是庆祝啥，反正主管北师大的书记来了，我们是老熟人了，他来自新疆，人格外爽气。女足里总有几个能喝的，尤其是前几届，那个队长小陈喝趴了我好几回。酒过三巡，我说，在队里得有个名分啊！郎导说做政委吧，书记当即拍板：北师大女足终身教练。虽然有些顺水推舟，但这些年确实没把自己当外人，郎导也是乐见其成。

教练组与队员的关系特纯洁，不少队员后来都上了本校的研究生，或者留校。我最亲密的一次接触，是喝多了，坐了一位队员的自行车，她把我送到学校大门打出租车。

有回，女足与体育学院足球班踢比赛，忽然一个对手恭恭敬敬地过来，喊我“滕叔”。这是什么情况？原来是大学同班大哥老白的儿子。心里虽然高兴，可也确实感到：江湖后浪推前浪，前浪死在沙滩上。

我回社科院读博士，有个师弟春宇跟我套磁，他是北师大经济系的，和安娜她们是同学。他说：“我一见你就认出来了，这不是老来师大踢球的那个胖子吗？”

咱不是那种人

离开国康以后，我一直没怎么创业，而是采取随缘的态度。虽不至于在哪儿跌倒，就在哪里睡着，但也本着“我是一片云”的态度，潇洒来去，十几年来，不知踏过了多少企业的门槛。

有一天，王哥跟我去锦西，谈国企改制的事。我对那儿很熟，跑了两年锌厂，曾蹲了半个月等供销处长，最后拿到了九百吨的锌粉。其间跑天水，在麦积山拿枪打鸟，还得意扬扬地照了几张相，那时没信佛，罪过啊！

王哥方向一指，大手一挥，剩下的事就交给我了。我的精力多过剩啊，跟军区联勤部挂上钩了，又收了两家军工厂，其中一家占地四百多亩，篮球场曾举办过省级比赛。这么说吧，光党支部就十七个。

我是 1987 年毕业前，在社科院研究生院成为中共预备党员的。

我收的这家企业，曾是中国十大钢管厂之首，可改制一年后出了问题，工总行下文：年产不够四十万吨的加工企业一律收回贷款。

为了保生产，就得少发或停发工资，时间一久，各种抱怨都出来了。我去那天，上千人围着厂部，我坐的甲A也被举起来，差点儿翻了。兵工厂的领导班子觉悟很高，坚定与我站在一起，经过多番惊涛骇浪，总算达成了一些共识。

但是待着难受啊，我天天下午去附近的渤海船校踢球。那个球场建在海边，十分平整，面向悬崖的部分拦着铁丝网。那个周六，我踢球下来，看到场边专门赶来陪我的俊峰兄弟和老郑，心中无限感慨：毕竟不是一个人在战斗，所谓的相依相托，也就是如此了。

最终，我个人出了点钱，补发了部分工资，而且总裁老沈赶来了，他毕竟给大领导当了多年秘书，经验和人脉哪是我能比的，算是拉兄弟一把，最后把事情给平息了。临走时，省内保一头儿跟我说："老弟，我真挺佩服你的。我们全天候跟着你。都这情况了，你还能白天踢球，晚上洗桑拿。"

后来当地局长告诉我，他们原计划是等我找小姐，先把我拿下再说。我惊出一身白毛汗，笑着回答："大哥，您说哪儿去了，咱不是那种人。"

别想着不劳而获

在竞技体育中，为什么足球迷最多、最疯狂？说法有很多。我个人的理解，有以下的因素：一是历史悠久，比如北宋的高俅，踢球踢到了禁军殿帅；二是制度古老，英格兰俱乐部正奔着两百周年去呢；三是资本介入、赌场介入，把上市公司与赌性结合在了一起。

脚，是离大脑最远的器官，受控力最弱。所以，哪怕是马拉多纳，比赛中也一样有失误，而这正是观众乐意看到的；还有像越位的安排，很容易引起争议，越争议、越投入、越上瘾；最后，足球赛采用集体对抗的方式，激发了人的野性，将战斗、战役、战争交融在了一起。

我记得谈恋爱时，急吼吼地花钱买了彩票，人家看我事后失望的样子，轻轻地说了一句："我最讨厌男人总想着不劳而获。"

一语惊醒梦中人，从此，再没碰过这些玩意儿。偶尔小赌一下，也是随缘或怡情而已。

有段时间，我和东北一位大哥在一起，周末晚上，他随身带着两个笔记本，同时打开，放着各种各样的足球比赛，只要“嘀”的一声，就代表着进球了，他马上在一个本子上算赔率，那叫一个认真啊！

有次，我在沙发上看曼城对曼联，孙继海在右路上下翻飞，跑得跟田径运动员似的。他有个绝活儿：搓传，过后卫头顶后垂直落地。还别说，那球真进了，可惜越位。看我在那儿大喊大嚷，这东北大哥背着手，十分认真地问道：“你好好给我讲讲，什么叫越位？”

开始，他是撒芝麻盐，押五场，每场三十万元，后来输得狠了，选择便有了重点场次以及押多押少。好在他是聪明人，及时收手了，直接原因是：家人也赌球，输得更厉害。多数人都是输到倾家荡产。

赌球，有很大的随意性，都是一个电话的事，所以，不是庄家赔不起跑路了，就是还不上钱，卖车、卖房、卖项目。追债的过程更是精彩至极，到处都是江湖传言。

有回，我和某饭店管理团队出去办事，混熟了聊天，发现他们对赌球的球星如数家珍，谁押的、跟谁押的、赢多赢少，全都门儿清。原来饭店是这些人的活动中心。过几年，有几个陆续出事了，多数还是退役，或者照踢不误。

有个朋友很多年了，平时话很少，和人一起经营一家油品厂。

一天，在北京遇到了那位合作者，酒席上捶胸顿足的，原来厂子都被那人输光了。

又过了五六年，朋友请我吃饭，是个“铲事”的饭局，我不好明问，借着上厕所的机会，问他咋样了？他说后来搞了矿，现在交给弟弟经营，他现在的重心在北京，资产几个亿了。

抬着去球场

国内球星很多，真正在国际足坛扬名立万的，还得是去美国大联盟踢球的三位：刘爱玲、孙雯和温利蓉。所以，大家伙儿都明白这个，再怎么笑话足球，也都是冠以“中国男足”。

我没见过孙雯，她是上海人，圈子很小；我与小温最熟了，前两个月八间房打比赛，都说她踢得好。会餐时，小温还问起滕总怎么样了，兄弟说我一直在踢。那天，我在外地出差。

有几年冬天，我们在赵公桥的北京手球馆包场，因为离小温家很近，所以她经常参加。比赛往往六对六，自己踢，也与别的队踢。那天，我一个中传，小温没接住，再传，勉强拿住了；到了第三次，她稳稳卸下来，攻门得分。

场下，我说：“小温，你真厉害，知道我传球往哪儿偏。”边上一姐们儿接茬儿：“那是。论球商，小温是最顶尖的。”后来，我没事就请教，管小温叫师父，她倒也没反对。

他们夫妻感情极好，生了一个聪慧漂亮的孩子，球队张罗过百日，我端着酒杯问：“师父，我怎么叫这孩子啊？”旁边的女足姐们儿顿时炸了，我无缘无故地矮了一辈。

小温是成都人，长相柔美，却有一种刚强不屈的精气神。论条件，个子不高，也不壮，愣是力压范运杰、李洁，成为女足全盛期的第一中后卫，判断力与顽强作风起了关键作用。

刘爱玲的名气无疑更大，那两脚石破天惊的远射，不光保证中国女足进了奥运会决赛，也被写进了足球教科书。她有段时间住在劲松，与我住的香榭舍很近，所以经常见她。一进奥体，看门的就认出来了，“爱玲、爱玲”地叫得挺亲热。

我路上就和她约好了，本场比赛给我几个好球。那天我真的服了，足球跟长了眼睛似的，专往我脚下飞。我事后多次提及，有个姐们儿不咸不淡地来了一句:“是啊滕总,她的腿比你都粗。”后来又见了爱玲几次，发现她记忆力下降很厉害，很多人和事都记不住了。

有一次，李莉、于萍跟我联系，来通县俱乐部会餐，给爱玲和小温送行。她俩的老公都来了，其他还有不少人，喝了很多酒，反正我是喝多了。据说，我说什么都要去丽都小场，躺在了看台上。我还问：“怎么进去的？”老三很认真地回答：“我和二姐把你抬进去的呗。”

也就写个《鼓浪屿之歌》

90 年代，华诚董事长王老大时常来到通县俱乐部，有时带着潘石屹，更多是和集团领导一起。二号首长爱打麻将，不是输赢的事，而是图个热闹，特别是有位老总一出错牌，就抽自己耳光，啪啪的，又脆又狠，把他乐的，声称看这出，比自摸都开心。

老大没什么爱好，据说年轻时舞跳得不错，现在只剩下工作了，从早到晚，都是投资和头寸这些事。他这人爱憎分明，有次和工商局一老乡聊起私事，动情处一起落了泪，看得我直有些蒙。

有次聊起，国康公司从 1995 年起经营的《三联生活周刊》，老大很是赞赏，说集团有家文化传媒公司，拍过《隋唐演义》连续剧，以及青年志愿者《山上有座庙》等片子，导演组动不动就来要钱，还掉眼泪。老大末了感慨地说："后来我才知道，人家那眼泪是专业基本功啊！"

跟眼泪有关的还有一家《音乐生活报》。那时王酩先生与李谷一老师是黄金搭档，留下了《难忘今宵》《知音》及《边疆的泉水清又纯》等五十多首歌曲，还成立了中国轻音乐学会，底下挂了这家报社，专业报道通俗流行音乐。

王酩先生去世后，报社马上陷入困境，老板说集团投了那么多资金，亏掉也就算了，但报社还整天哭着继续要钱，实在是闹心，要不你来管吧。我一听，好事坏事不说，至少好玩啊！与留任的老郭聊了几次，谈出了一个中国原创歌曲总评榜的项目，每年健牌赞助几百万元。

接手之前，音乐学会需要开理事会通过，也就是走个形式，老郭喜欢继续当社长，我只好做总编辑，还挂个常务理事。那天，我去城南接乔老爷子及夫人格格来通州，他虽看在投资分儿上没发难，却用一口山东话讲："音乐报总编辑不懂五线谱，这可是有史以来第一次。"

这帮老音乐人聚在一起，可有意思了，幽默风趣不说，各有一手绝活儿，喝得高兴了，把门一关，告诉小辈的都别进来了。我看副秘书长钟老师忙前忙后的，怕他被冷落，故意找话问有什么作品。钟老师说创作得不多，我说哪首有点名？他说："比如，《鼓浪屿之歌》。"

有天，我打电话给哥们儿老冯，说你别老搞那些高科技的玩意儿了，来报社做常务副社长主持工作吧。见他还犹豫，我就用足球诱惑："来吧，弄个球队，打音乐联赛。"

第一场对音乐人队，歌手不多，多数是制作人、乐手啥的。

我拉了几个专业的过来，原想旗开得胜，哪知人家踢得久了，反而先失一分。那个队长马哥据说打小在工体踢野球，专门防我，弄得我没了脾气。

下半场，他们队有个小孩老对我使小动作，有次故意用肘打了我一嘴血。我们立马不干了，开始推搡起来，马哥很有经验，居中调停。我没法踢了，下场问那谁啊？他们说是玩乐器的，他爸是著名民歌手。

出师虽不利，却发现这圈子几乎都爱踢球，包括田震等女歌手。于是，就这么踢下去了，把女足也渐渐融合了进来。

翻墙往事

老郭在江湖上，人称大象，大我十多岁，高高帅帅的样子，多少有些自恋。有回酒桌上，他又开了天眼，说阿静是怪鸟、阿原是怪兽、刘哥是黑熊、我是棕熊，更过分的是，给一著名歌星扣上了“蛤蟆精”的帽子。

我们在一旁，也不好笑出来，歌星早急了：“那郭叔您自己呢？”老郭依旧悠然，吐出一口口烟圈，看着慢慢消散了，方道：“我吧，在天上打碎了王母娘娘的玉盘，才被贬下来的。我是仙女！”所有人都无语了，从此管他叫郭仙女。

老郭那时主要负责总评榜项目，联合两百来家广播电台，将他们的分榜汇成总榜，每年搞一次大型演出，大连啊、乌鲁木齐啊，转战南北。他来组织，老宁负责演出制作，我呢，挂名之余，跟一帮老头上去颁奖，其实年年都是那十几张熟面孔。

有一年，中央台的老王在旁边捅我：“看看，看那边。”我看了看，问怎么了？他说：“谁啊，这么漂亮？”我瞟他一眼，说：“那不是唱歌的，是演戏的宁静。”他还奇怪，说那人的声音有磁性。后来证明，老王有眼光。

我们在河南新乡体育场，搞过两次中国摇滚音乐节，记得瘦人乐队一次演嗨了，主唱跳下来时，把腿都摔断了。有次在餐桌上聊起，某大牌对“混血儿都是杂种”的说法极为反感，背后一问，果不其然，这哥们儿娶的正是外籍人士。

小报发不了多少，好歹算是上摊的，那时电视不怎么敢报娱乐圈的事，所以纸媒挺兴旺的。报道权在编辑部，编辑就是记者，别看待遇很低，但每个人手里都把着几个渠道，那时晚上都在三里屯，从一个酒吧喝到另一个酒吧，老能看到自己人。

流行乐坛这点事，最好看看黄燎原写的东西，他是真正的见证人。有段时间，我们成天腻在一起，一边喝着小酒，一边听他有一句没一句地东拉西扯。后来他在望京开了家粤菜馆，我和朋友都没少去。

黄燎原是报社的副总编，后来自己干事去了，搞的那个二手玫瑰真心不错，那主唱喝趴我两回。常务副总编是沈先生，他的儿子沈黎晖绝对是个人物，虽不爱讲话，却让人觉得不是城府，而是内敛。

有次在北体大，我们与教工队打比赛，你来我往地特别激烈。我为什么记忆这么深呢？跟我对位的那位叫马健，两米多高，还很灵活，把我欺负得够呛。我喘着气跟他说：“哥们儿，你这状态还能打啊！至少 CBA 没问题。”他嘿嘿一乐：“当然。”

中场休息了，沈黎晖忽然拉我往外走，到了一堵两三米高的墙下，听到摇滚乐声渐强，我一下明白了。相互拉扯着翻过墙去，我们来到一排临建屋前。大力敲开门，里面是五个小伙子，显然是个校园乐队在练习。那可是三伏天，小哥儿几个只穿着短裤，跟从水里捞出来似的。小沈简单问了几句，扭头就走了，听身后犹疑地问：“你是摩登天空的那个吗？”他也不回头。

照旧翻墙回来，我忍不住问道：“这乐队咋样？”小沈低沉地说：“且得练几年呢。”

第三章

最贵的北京烤鸭

最贵的北京烤鸭

在音乐报那会儿，球队分三个时期，最早是报社队，除了我和老冯几个人外，其他成员是国康系统的人，包括总部、三联、大运、期货、地产以及球友等。

我们搞过一个《一周便利》，刊号是首创晓光兄让出来的，原来叫《市场导刊》，舒立干了一半，忙活别的去了。

那天在国展宾馆见面，晓光搂头就问："你怎么样了？"我还没来得及回答呢，他又说，"我都不怎么样，你还能怎么样？！"

当时《精品购物指南》很火，负责市场的副总阿杰找我，搞了这个市场化程度极高的周刊，轰动一时。他们那儿年轻人多，有几个踢得不错，但阿杰不买我的账，说道："老大，踢球找谁不行？我这儿一个萝卜一个坑的，不陪您了。"

互联网火那会儿，某互联网大咖想推出个流行音乐的上市公司，找到了报社，老冯喜欢这些玩意儿，起名叫“网蛙音乐”，搞得风生水起。有点钱老冯不忘初心，提议把球队改为“网蛙足球队”，每年赞助几万元，捎带手做做广告。

不知宋柯怎么知道了，专程来到外馆斜街，提出联合组队，他带来的全是音乐人，如高旗、许晓峰等，还有些退役运动员，如陈东、袁强。网蛙队那时很强，很少输球，纪律也很严明，我仗着年纪资格，球艺一般却屡屡首发，打右前卫，遇到弱队则是右后卫。

踢了几年，情况有了些变化。一是赞助费没了保障，二是大家都忙。老冯忙得顾头不顾腚，而我去八间房读博士了，在那里踢球多好玩啊；同时与周小鹤大哥等六人，做了一家金诺公司，专门帮人上市，需要在国际俱乐部一楼上班。

有天与老北京女足的一帮姐们儿踢球后，到一家餐馆涮羊肉，面红耳热之时，提出把“网蛙”改为“英联”得了。那时老冯的几个北大的同学，和我们踢好几年了，人好球技也高，阿为当场拍板：我们哥儿五个出费用，剩下的都是老女足。那段日子幸福指数高啊！

“英联”成立后，约球的太多了。踢业余足球的，都爱和退役女足踢，为啥？女足队员球技都好，很少有靠身体吃饭的，有回我都跟唐伟急了，五六年了，一次也没能把她过了。她就笑：“继续努力啊！”这期间的球事，还能写几十篇，咱先按下不表。

话说老郭总见不到我，报社又老没钱，心里急啊！一天，老郭打电话给我："老滕，你忙啥呢？下个月我俩去趟日本吧。"我一听不是要钱，马上踏实了，说："行啊。"

互联网没有普及之前，唱片公司是很厉害的，那时世界有五大，日本占了四家。日本人很讲究行业文化，老大牵头，集团决策。他们想把每年出版的唱片，无偿地赠送过来，并出资建一个日本音乐中心。

可是，国内没有对接的单位，推来推去，都觉得报社最合适。那会儿，大陆学港台，港台学日韩，日韩学欧美，音乐圈都觉得这事好，很是期待。

索尼董事长是音乐财团法人的会长，陪我们的秘书长，曾是邓丽君签约宝丽金时的经纪人。他们都坐地铁上下班，极少用车。我们一家家拜会，发现其办公条件远远比不上大陆，有时，在电梯前遇到了歌手或年轻人，对方一边鞠躬一边退，到了墙角，仍是鞠躬不已。

我喜欢日餐，色香味俱佳，食材非常适合养生。每天晚上，山崎先生都陪我们去酒馆，至少喝三家，温泉、艺伎也都见识了。临走前一晚，该组织在东京的头头儿全来了，和我开着各种玩笑。

我呢，暗自等待主菜，那可是这趟最贵的一道菜。一上菜，我看那古朴的木盒就知道错不了，打开一看，日本人垂涎欲滴，老郭和我全傻眼了：两只空运过来的热乎乎的全聚德烤鸭。

后来，日本音乐中心在北三环深圳大厦一楼角上，建成运营了，王光英老先生来剪的彩。老郭给了我一张 No.1 卡，我也对得起，一次都没用过，还在酒后不知送给哪个歌手了。

黄亭子五十一号

一天在奥体，网蛙与梦舟打比赛，一交手，就发现对方很强，阵形始终很紧凑。他们全是大牌，但在一起待久了，可能都脱敏了。进攻肯跑，丢球肯追，没有叉腰摆架子的那种。

高旗是后卫和前卫都能踢，技术好，动作也干净，不耍人，也不被人耍，更不抱怨队友，可以说，像他这种踢法，到任何业余队，都有自己的位置。加上长发飘飘，别说女孩子，连场上对手都觉得他帅气逼人。

黄格选踢中场，技术相对软点，感觉跑不起来。我印象最深的是一个中等身材的后腰，拿球稳、出球准、抢断狠，在场上就问："这哥们儿谁啊？"答案是栾树。后来和高旗他们总踢，再没见过栾树，一打听，京西养马去了，好像多年后还拿过亚洲马术冠军。

梦舟是个品牌，领队老吴是我们辽宁老乡，神通广大，经常搞些活动，记得在电视上看过转播。什么赵本山、高峰啊，还请傅玉斌守门，这用老话说，都属于：卖孩子换猴，图的就是个玩儿。那天的梦舟，才是真正的球队，放下一切身外之物，痛痛快快地踢球。

那时在东环广场，我们租了六百多平方米，搞过一家星联星公司，股东是刘哥与小伊，我做总经理，招来了小叶等一帮业内人士。签谁呢？小叶推荐了胡兵，搞过几次活动，效果挺好，但没收入。

在三元桥希尔顿，我们去一个小区找过孙楠。出来后，总监老翟说，咱们肯定是签不下来了，另一家公司给笔签名费不说，直接送了一辆奔驰。这倒也难怪，那广东籍的老板本来就是北京市的奔驰总代理。

选来选去的，最后签了黄格选，是个湖北人，歌手梁音说，他俩当年是著名的金童玉女。我和黄格选见过多次，没一起玩过，觉得人不错，很内向。

后来加盟的涛哥，跟我说："滕总，哪天有空你听盘带子，唱得绝对没说的。"好几年以后，涛哥说的带子，我在去沈阳的长途中反复地听，什么《蓝莲花》之类，心说：如果早见到许巍，早就上赶着签了。所以，人与事是分不开了，事后观察，无非是缘分而已。

星联星倒是签了十一支乐队，弄得乌央乌央一屋子，感觉像南七北六十三省的绿林大会。一个穿拖鞋的家伙推门就问："谁是老总？”我说：“我是。”他掏出一张出租车车票说：“赶紧给报了。”我问为啥啊？他说：“你不报销，我怎么回去？！”

90 年代，北京有几个地方搞摇滚乐，刘元的 CD 等几家最著名，我们常去的是北电旁边的黄亭子五十一号。某周末，我拉着报社新来的副总编阿刚，和老郭等一起看演出。第一个出场的是战斧乐队，特别地阳刚，现场效果如一片杀戮战场，最后那一句“谢谢”跟打雷似的。

接着糖果枪乐队就阴柔了，哼哼唧唧的，据说叫脸谱派。阿刚是著名记者，见多识广，我们问他评价如何，答道：“第一个阳刚，第二个阴柔。”

我爸叫杨朝晖

网蛙队成立伊始，在红山口租了一年球场，球场很标准，就在香山脚下，是八一队的训练场。我之前和女足在那儿踢过，对手是老八一的一帮人，个个大名鼎鼎，还有老国门李富胜。我挺崇拜地与其寒暄，没想到，第二年他因病去世，令人唏嘘不已。

想当年，国内足球甲级联赛，解放军有北京军区、南京军区、沈阳军区等队，尤其是八一队，会集各路精英，足球城大连的好苗子，先由八一队挑，其次是各军区，再次是辽宁，最后是各省体工队。

1982年世界杯预选赛输给沙特那回，国家队的林乐丰、朱波、李富胜、贾秀全都是大连籍的八一队队员，构成了整条后防线，还不算重炮手黄向东等。八一队不光是军人的偶像，也是中国人的骄傲。

我们队里有袁强和陈东，我和陈东比较熟，他老爸是足协老领导。东哥除了踢球，对别的东西也不感兴趣，至今还在定慧桥那边包了几块场地，招呼小兄弟们一起去乐呵。

袁强的球像一把尖刀，一插到底，锐不可当，有种专业范儿。东哥为人很直，球风却诡异多变，根本防不住。有时守门员看他在挺远处左拨右蹚，不一会儿，就出现在了面前，然后被过打空门。他的毛病也有：只和来电的几个人打配合，显然，宋柯和我都不在其列。

有一天，我来到红山口，发现队友来得很少，原来东哥他们约了一支专业队打训练赛。当时叫甘肃天马，以前叫天津二队，后来不少人去了厦门，就是高洪波执教的那支球队。

那是一场正规比赛，好像是圈里人较劲或挂赌似的。安排阵容时，我感觉很尴尬，教练布置完毕，还剩仨位置，问我：“左脚右脚？”我说右脚，他大手一挥：“右前卫。”剩下有个许晓峰，是干影视的，开辆豪车，他只和认识的人说话，不过球技高我一筹不止。

上场前，教练就说好了，我只踢半场，所以不用吝惜体力，还指着对方的十号说：“你什么都不用管，就站在他身前一米半到两米，不用抢，也别怕他过你。”那孩子叫任猛，其实一点也不猛，北京人，技术极佳，因身体条件差去了天津。

只不过，他跟范志毅比，可能不算猛，对我来说，不是猛不猛的事，而是很惨痛。丫一次也没过我，像根绳似的牵着我，潇洒自如地传接。我印象最深的是，他穿了双棒球鞋，那只粉红的右鞋，把我晃晕了，下场了都直迷糊。

那场球很经典，刚开场，我们前锋就进了一个，对方教练破口大骂："近角、近角。"没十分钟，我们前锋又进了一个，那教练更是急了，"长脑子没？封近角！近角！"俗话说："拳不离手，曲不离口。"还真是有道理，一支冲甲的队伍不是老炮们可以抵挡的，最后我们以 4∶6 输掉了比赛。

下半场开始后，我坐在场边，与一个活泼可爱的小女孩聊天，逗她说："那前锋谁啊？带球跟喝醉了似的。"小女孩一仰脸，非常骄傲地回答："那是我爸爸，杨朝晖！"

一夫当关

总有人问我的球技如何，怎么说呢？我常常反问一个俗语：男人与女人的最大区别在哪里？不好回答吧，答案是：比上不足，比下有余。老妈曾评价过我，放到再好的学校，都不会是最差的；同样，放到再差的学校，也不会是最好的。

像我这样的人挺多，能力其实不差，就是考不上北大。我踢球用的是右脚，过去靠强突侧推，没少得分；现在靠卡位站桩，也能应付七八十分钟。十多年前，英联队在人大附中的训练场打比赛，那儿有五块左右的天然草坪，请了一位职业教练每周培训。

记忆最深的是跑位，我和张红红打中锋，一个拿球了，自动往边上扯，另一个伺机跑位。红红打过女足国家队拿球、分边、跑动、接球乃至射门，绝对的职业范儿。我可费劲了，被教练吼来吼去，渐渐地，也有模有样起来，球技就提高了。

训练射门，最有意思。教练是老北京队的，比二福（沈祥福、刘利福）还早。他也不怎么摆腿，砰的一声，球如炮弹一样地飞了出去。我们几个男的，铆足了劲，飞起一脚，不是歪了，就是软绵绵无力。

所以，我一踢球，教练就喊：“用腿、不要用脚，对、对、对。”诀窍并不复杂，即要把整条腿绷直了，压住球发力。说来容易行来难，这么点事，到现在我也没做好。

记得90年代末，华诚在大连金石滩开董事会，王功权牵头，教一帮土包子打高尔夫球，一个一个地传授要领：“绝不用力，死不抬头。”道理很简单，打起来很受用。问题是，球技越提高，越想抬头看；杆数越落后，越想使劲打远。最简单的，才是最难贯彻的。

业余球员里，我觉得黄健翔几个踢得最好，反正比我强不少。央视小邱的技术也不错，不过体量太小了。而名嘴老白球技一般，有回被我盯了半场，连连失误之余，忽然仰天长啸：“啊啊啊……”大概是自我排遣的一种方式吧。

央视去采访香港回归之前，曾在通县俱乐部集训过，虽说保密，我与几个头儿还算熟悉。他们喜欢与女足打比赛，有几年总约，输赢无所谓，反正也没人追着签名。

某天，我们人数太少，朋友带来了一个沈阳海狮队的二号董育，他那时二十七八岁，在老家北京养伤。踢着踢着，我们防线漏洞百出，连连丢球。小董火了，跑来找我：“滕哥，你把他们都提上去，我一个人踢后面！”

那是很难忘的一幅幅场景，小董自己组成的防线，竟然没再丢球。一防一、一防二，哪怕一防三，对手就是攻不过去。赛后，这哥们儿还意犹未尽：“我还没用铲球呢。”董育后来也没踢上，自己开了一家餐馆，张罗着让我有球叫他。一夫当关的那场球，估计身经百战的他早忘了，却被我记忆至今。

卖橘子的作者

2000 年前后，我流年不利，总之感觉压力特别大。一天，体改所老曾来电话，要我为寺院捐 2000 元，修建万佛堂。我说我有事，你代表一下。老曾解释："这事没有垫的。"于是，我开车过去，还领了一张观音菩萨铜卡。

没两天，我去葫芦岛路上出了车祸，手机和眼镜连同车辆都烧了，我们怕爆炸，跑出老远。警察来后，拿个手包问谁的？是从后备厢甩沟里的。我说我的，然后拿出身份证等，还有那张佛卡，细雨夜色中，在后面车灯闪烁下宝像庄严。

我把这事跟老曾一说，他哈哈乐了，带我去了广济寺，拜见净慧长老。我说自己像一块下山的石头，怎么都停不下来。长老淡然回答："那就继续滚呗。"后来，长老开示了污染的说法，说了环境污染与精神污染三种情形，道理很普通，但直指人心。

我随即便皈依了，后来还写了一篇《家乡的小河》，发表在杂志《禅》2009年第一期之中。

后来，我把这段经历，又写进了中信出版的《淡定的人生处处禅》一书。

真是观音菩萨保佑，不久一位大哥找我，一边吃西餐，一边聊天。他说，做生意这玩意儿适合于某类人，不是所有聪明大脑都得干这个。就当是休息吧，不如去读个博士。我这人冲动，一听就蹦起来了，说干就干。

考试前一天，我高烧41摄氏度，第二天迷迷糊糊就去了，在门口遇到了汤哥，笑眯眯地跟我说："征辉，没想到我考你们社科院吧！"他是五道口出身，跑社科院考的李扬老师。

同考场还有硕士八五级的琦斌，十几年前就铁，特点是"说话跟喊似的"。管他呢，考完专业，几个老炮儿中午还去撮了一顿。好歹都考上了，我的导师是郑秉文老师，琦斌的导师是成思危老师。

上学第一天高兴啊，我早瞄上那块小场了，绿绿的、平平的，打五对五再合适不过了。那几年，研究生院招生少，校园里打羽毛球的不少，还有一帮打排球的。咱是爷们儿啊，我拎着球鞋凑了过去。

那时，张宾是院队队长，技术不错、东北老乡；更强的是经济所的汤铎铎，又稳又凶，但场上不怎么爱招呼。有时，球王不一定是领袖，比如马拉多纳就没有贝肯鲍尔的指挥若定。

话虽这么说，实力还是硬道理。不久，学院打比赛，我们博士队对上了2001级硕士，这个汤铎铎，左一脚，右一脚，远射打进了我们五六个。博士队队友就是带啊，丢了也不抢，这球踢得真窝囊！

高兴劲儿还没过，导师找我谈话了："滕啊，得考虑论文了。"我听了真是哭笑不得。我们这种回炉的，一是修满学分，二是毕业论文，后者占七成。第一年关键啊，怎么也得把分捞足。

一天，汤哥喊我，说郎咸平来研究生院讲座。他的导师李扬挺逗，主持就主持呗，开场讲，结束讲，中间也讲，大概是怕我们被误导吧。不过，老郎确实有激情，很多问题抓得很准，能够一针见血。

我呢，非常推崇张五常，社科院学生都喜欢他，而不接受郎咸平的研究风格。我有时候脑子短路，一下子没想起来，就说："那什么，就是卖橘子的作者。"

图个乐呵

前几天，看到一个帖子，说博士亩产量最高的地方叫西八间房，就是社科院研究生院。我是硕士二年级搬过去的，博士毕业后不久，学院搬到房山了。所以，我既是亩产一分子，也是变迁见证人。

我读书时，院长是胡绳，没见过本人，只有硕士证书的签字。据说，周边村里求着社科院把东边几十亩地给征了，但院里一直在等划拨，在等文件。十七年过去，博士证书的院长成了李铁映，依旧还是追发改委，可是地价涨了几倍。

有回聊天，导师说大家的毕业论文都出版了，你的怎么样了？我说没顾上呢。后来，见一老妹儿，她是资深出版人，给我从香港名流出版社谈好了相关事宜，把书号费省了，稿件与设计都是时代华语帮忙做的，书名还是《反贫困的公共政策选择》。

毕业论文倒有，但不是电子版的，我就去了房山新校区，好家伙，从东北到西南，离望京五六十公里。事情挺烦琐，但都热情接待，办完事，我去足球场溜达了一圈，没几个人，随便踢了几脚，聊以自慰。

周围有一圈人，还有女生们的尖叫，定睛一瞧：篮球比赛。我问陪我的师弟，为啥这篮球比足球受欢迎？他挠挠头，说踢球一身臭汗，也不好凑人，然后暧昧地一笑：“您看您自己，踢球的有几个不是罗圈腿？”

我们在望京老校区时，球场紧挨着排球场，还有一帮踢毽子的人。我曾试过，最多三五下，而小女生踢得轻盈飘逸，那毽子跟贴在脚上似的，让我羡慕不已。

踢小场有个麻烦：捡球。遇到那种大力爆杆的，谁都不舒服，不免让丫自己去捡。我那时在打坐用功，念头一起：多远，我都乐呵呵去捡，心里还自我安慰：修行嘛……

我们队里有个坏小子，球一丢，他就喊：“美女，球、球。”女博士们乐颠颠把球踢过来，甚至亲自抱过来。那家伙满脸堆笑，“谢谢，谢谢。”等人家走远了，队友们不免取笑，他又满不在乎地一撇嘴，“切，叫美女，不也是图个乐呵嘛！”

兄弟谱

某天下午，我们在踢球，正赶上〇三级研究生复试，校园里蛮热闹的。有次捡球，我突然被一幕惊呆了：排球场上，有个家伙扣球打三米线。这是什么概念？至少是省队的水平啊！我又看了一会儿，只要球传得到位，扣得是轻松写意。

找人问了一下，是城乡所的复试硕士，原来报的清华专长生，后来报的社科院。过了一会儿，这小子转来踢球，接控射都高出我们何止一筹。我问他到底是什么专业的？他微微一笑："110米栏，一级运动员，全国青年冠军。"

他叫喻建欢，武汉人，院团委书记唐大大的铁哥们儿，搞田径嘛，长得高高帅帅，性格还阳光，属于男女老少通吃型。建欢是体育天才，百米10.78秒，跳高2.05米，拿过全国大学生足球联赛最佳射手，曾到河南建业试训过。我一把拉住他的手："兄弟，你可快点来吧！”

十二年过去了，建欢成为八间房球队的当家一号球星，与十几个兄弟一直并肩作战，打遍北京业余足球圈，留下了很多经典战例。我们朋友圈里很多二号球星，也是各有所长，容我介绍几位。

汤铎铎，宁夏人士，经济所副研究员，拿过理科全国竞赛奖，却偏爱文学，经常与人家说辞解道，倒也不落下风。铎铎踢拖后，踢得聪明、出脚厚道，从不伤人或发生争执，对于这个位置来说，实在是难能可贵，算是球如其人吧。

石善涛，大连金州人，搞近代史所研究，出了一本《民国时尚》。好球好酒为其天性，平时爱说爱闹，黏合度却是数一数二。老石为首席门将，但发挥不算稳定。

张春宇，齐齐哈尔人，北师大推荐的研究生，前锋，踢法精灵古怪，擅长门前侧凌空，在北京研究生联赛上大放异彩，一战成名。打前面经常被踢，他总有办法报复回来，然后，一脸真诚地走上去，拍拍肩说：“哥们儿，没事吧？”

肖锋，重庆人，毕业论文为《春秋笔法》，现在中国传媒大学文学院任教，原来踢右前，后改的后腰。教授能拿球，出球也舒服，而且很能跑，最不高兴被换下。总是前后左右地看了一下，才确认：真是换我吗？

郑挺颖，广东人，环保部杂志任主编，司职前锋。别看平时嘻嘻哈哈，总是顺情说好话，一到场上，立马杀气十足，硬吃强蹚，起脚果决。成家立业后，有点发福，速度上就没有那么大的优势了。

杨红林，山西人，出版了《1915，中国表情》等几部畅销书，风头早已盖过了我。老杨踢球如喝酒，属于细斟慢饮型，小技术极棒，身板子太小，一遇到板砖破气功的，就没辙了。

王铮，河南人，长得细皮嫩肉，耍起球来，颇有几分风骚。球队都有绰号，比如我叫鲁本，他是里克尔梅，叫着叫着，叫成了二妹。让不知底细的人听了，很可能感觉暧昧。

还有刘江，外号舍甫琴科，现在都喊他老舍，和一帮兄弟一样，也有了孩子，正琢磨着买不买电动汽车呢。

建欢入校后，校园里连番争斗，基本是我和铎铎的〇一级与建欢、春宇的〇三级争霸的格局。谁知在中央美院的毕业杯赛上，〇二级异军突起，拿了头名，主力就是双煞。

大煞吴西愉，广西人，游学东洋数载后，携妻带子回北大任教。作风强悍，极为难缠，属于少数可以防住建欢的选手。

二煞朱晓龙，江西人，中场、后卫都能踢，球路很刁钻，可以连续防守，也就是说，你过了他也没用。

其他兄弟还有很多，恕不一一道来。

踢完球，照例是饮酒，弟兄们说老大讲几句。我也不推辞，言道：“大伙儿玩了这么多年，全都是外地人，以后就当亲戚走吧。来，干了！”一时，呼声如雷。

左右凌空会当时

2003 年秋天，北京高校联合会在西八间房开会，学生会主席唐磊在交谈之间无意得知，北师大即将举办北京研究生院足球联赛，已有几家报名。唐同学马上告知了球队，我们都觉得这是一次极好的锻炼机会。

在周围认识的人中，我一直推许建欢的行政能力是最强的。果然，他背着小书包，就去了北师大，迅速搞定了相关事宜。参赛八支球队，共分两组：一组为北师大、北大、社科院、政法大；另一组为人大、北航、中科院、清华。

作为东道主，北师大藏了点小心眼儿，避开了实力最强的人大和北航，因为这俩队的队员全都来自人大附中的三高足球队，是专业队水平。而社科院已经多年不出来打比赛了，被当作软柿子，安排到了揭幕战。

开赛前，球队专门开会做了种种安排，战术是以建欢为核心，打对手身后。我讲了讲鼓劲的话，充分激起了大家的斗志。而师大明显没把我们当回事，还拉我们暖场，清理草皮上冻硬了的小块积雪。

也是出师不利，右路主力老肖拉伤了，在那儿挥手要求下场。随后的两场比赛，老肖都坐在场边观敌掠阵，没错儿，是坐着，坐在一把掏空的椅子上，唐大大亲自出马，抬着下车进场，很是令人侧目，把观战的北师大女足队员笑得不行。

北师大本来就有体育学院，还叫上了几位留学生，有黑有白的，都有踢青年队的经历。中场核心来自北欧，瘦瘦高高的，牢牢地把控节奏，妥妥地打了我们一个 4：1。我们那个球，是工经所博士小盛混战中捡漏儿打进的，赛后在学校大巴车上，那小子一个劲儿说输得不多，被我狠狠地说了一顿，踢球这种事，上场只有一个目的——赢。

第二场的对手是政法大学，他们本科在昌平，我曾去踢过五六次，研究生在蓟门桥，人数不多，水平中下。开场后，我被安排在左中场，与绰号泥巴的春宇配合，但他并不擅长传中或过人。

上半场，我为建欢喂了一个好球，他那时状态无敌，北师大都有两三个防他，政法就更不行了，他一个加速形成单刀，轻松打进。没过几分钟，我再次传出单刀，哪知他突然不跑了，我心里咯噔一下，坏了！果然，他也拉伤了，不得不离场。

踢球这玩意儿，本就是此消彼长，政法立马兴奋起来，下半场很快扳平，并且压着我们打。在我示意下，泥巴转到了中路，碌碌无为中，突然在禁区左侧，一个侧身凌空，将球炮弹般打进。所有人都疯了，社科院再度领先。

久攻之下，对手又打进一球。胶着之下，我们又把球吊进禁区右侧，神奇小子泥巴竟然又是侧身凌空，3∶2。我们众志成城，把比分守到了最后。建欢在终场前，换上了剑青，那小子实诚，跑步进场，急得老肖一帮人大骂道：“你丫慢点。”

这场球是八间房球队史上最经典的一役，泥巴的左右凌空成了难以重复的绝唱。多年以后，泥巴同学坦露心迹：“我吧，那天刚好与初恋分手。后来呢，踢球时没失恋；失恋时没踢球。”

第三场，同积三分的社科院与北大争夺最后一个半决赛名额。这场打得十分艰苦，我们0∶1落后。建欢急了，最后十分钟换下我，一瘸一拐地上了场，可惜腿不敢发力，眼瞅着输掉了比赛。

半决赛，北师大淘汰了北航，据说裁判的哨子太黑，弄得北航退赛离场。决赛中，人大为兄弟们正了名，5∶1打得北师大满地找牙。可能是结了梁子，加上赞助商仙妮蕾德的退出，第一届研究生联赛，也成了最后一届。

最后，社科院获得第五，还拿了精神文明奖，因球风好、实力差，获得普遍好评，中科院、清华都来约球，这是后话不提。

内部联赛

拿了研究生联赛的第五，学院上下都很开心，球队信心更是爆棚，琢磨着整出点大动静。不久，推出了小联赛方案：〇一硕、〇二硕、〇三硕及博士，争夺年级冠军。在院方睁只眼闭只眼的情况下，我们把排球网给拆了，将足球小场与排球场连成一体。

四大势力中，博士最强，牵头的是大军。这小子身高力强，脾气暴躁，一口山东腔，盘带起来难以抵挡，算是那时的二号球星。他对我倒是没说的，一口一个滕哥，但觊觎着建欢的头号球星地位，属于背着手撒尿——老子就是不服。

这小哥儿俩的恩怨还颇有渊源。全国大学生足球联赛分南北区，建欢为武大在南区攻城拔寨，荣获最佳射手；大军在山大做替补，上场有限，虽说他解释队中多是专业球员，可总决赛时，确是败给了武大，而且是建欢进的球。这么一比，队里都觉得：

你再不服，也得服。

建欢情商高，为人宽和，所以人缘极好，身边一帮小兄弟；大军学语言学的，师弟们也不少，一门心思想赢建欢一回。毕业后，他分到了中国语言大学，约八间房踢了好几次，后来听说出国了，近年已没有联系。

〇一硕是老汤、张宾他们，是研院历届踢足球人数最多的，各位置没有弱项，而且多是酒友。缺点是没有权威，不擅打逆风球。〇二硕平时踢球最积极，球场上每天都有大煞、二煞的身影，整体上还是偏弱。至于新生〇三硕，据说建欢安排了一个“撒手锏”。

这一段，朋友圈都说我记忆力好，其实也不尽然。一来是感兴趣，自然记得住；二来是弟兄们不时提醒；三来是图个好玩而已，没人来真心计较。回忆是属于个人体验，连尼克松这种大人物都说：“自传是最不靠谱的。”哈哈，他说过吗？

抽签分队，博士对的是〇一硕，打得艰苦是意料之中的，反正我发挥不错，肯定进球了，大军强突扰乱了对方，比分很高，总算是赢下来了。另一场也没悬念，建欢他们赢了晓龙，但〇二硕的门将不错，他是打篮球的，跳得老高，在这场左扑右挡，救险不断。

他叫阿猛，我后来强烈建议他来院队做老石的候补，与我很是相得，后来他去韩国进修了数年，就没了音讯。还有一个中粮的后卫，姓朱，在社科院读硕士，一出手就有范儿，泥巴说有个凌空是他传的。

决赛那天观众甚多，不乏女生的尖叫，虽说一直有“我院女生一回头，吓倒望京几头牛”的戏说，但雄性荷尔蒙还是受到激发。我知道建欢的习惯：遇到强队，后撤控球。所以，坚决派人掐断他与泥巴的传球线路。另一位前锋阿琦，绰号李毅，以浪费机会著称，索性不去管他。

上半场战况激烈，我反突进了一个漂亮球，还送了几个好球。我那时不到四十岁，传控都好，在场上很实用，而且也不值得派专人来盯。眼看领先，却风云突变。

中场休息时，溜溜达达来了一个小瘦子，脸小眼大、肤白面嫩，背了个大包，一副桀骜不驯的小样子。下半场，一上来，这家伙从左路狂突，根本挡不住，也算丫点儿背，打中了我们四次门柱。

比分最后定格在了6：6，点球吧。建欢却站到了门前。我大力外脚背把球打进，后面的队友就没这么幸运了，连连被他扑出，或放高射炮。〇三硕最终拿了头名。这一幕后来又出现几次，看着建欢那脸坏笑，还真是没辙。

赛后聚餐，我才知道那小子叫叶萌芽，踢过香港青年队，更没想到的是，还成了我一辈子的好兄弟。他的未婚妻是日本人，画画的。

罢赛的理由

球场扩大了，也带来麻烦，进来运动的人有时得躲球，尤其是女生。果然，某个周末忽然来人施工，把排球杆给焊死了，球网也用铁丝绑定，于是，我们又回到了小场。其实，小场也挺好，更讲究技术不说，又回归玩了，少了几分火药味。

不过，踢球哪能没有冲突啊！有一回，肖教授连续过了人，对方急了，追上去就踢，没踢着，再踢，这下子踢着了：骨折。同屋的唐大大真不错，背上背下、买东买西，伺候了半年。我去看了，才知道踢人者不闻不问，连句道歉的话都没有，真是嗑瓜子嗑出个臭虫来——什么人都有。

大军踢球也猛，但是对球不对人。有一天，我还替他辩护：“你们光看他踢人了，其实丫挨踢的时候更多，什么时候见他急过？”这就对了，爱运动的人都得有点骑士风度，否则，就弄得人见人嫌了。

〇二硕的阿鸣同样猛，属于对外不对内的那种，经常与校外人员发生冲突，有回还动手了。任何校园球场都难免有外来的，或是家属，或是附近单位，来的人都和我差不多，没球踢浑身难受。

不过也有例外，电影学院那个球场就没人，我去了几次，一下午都不见人影儿，估计是男同学们有了更愉快的运动方式。

话说来的人里，真有不错的，比如阿巍，在洛阳读的大学，是校队队长，控球好、启动快，还能长传与远射。后来分去了公安部二所，与我们在中医药大学约过几场比赛，有次，滕达左路远射得分，所以我印象很深刻。

一般下午四点来钟，就有人带球来了，然后自动组合。有时很怪，总有踢得很臭，积极性又高的家伙参与，建欢最爱带他们玩儿，我也很随缘，还有老汤、大军也自带一拨。夏天人多，便采取了一球淘汰制，谁输了谁下。

跟阿巍一起来的有五六个人，踢得都还行，其中有个自称北京二队的小瘦子，动作花哨，没什么大用。学生们踢完得去食堂打饭，这哥们儿也不走，常和我聊天，说起足坛掌故一套一套的，而且一口京油子味，挺好听的。

我们在小场地上打过几次联赛，特别地激烈，渐渐不满足了，就到附近的中央美院去踢，那里有半场，也可以踢大场。我们与他们的系队踢过，好像水平相当，搞美术的比搞影视的动感多了。

大煞他们毕业那年，在美院搞过联赛。印象最深的有三件事。

一是大军上蹿下跳，每天半夜去游说，坚决要求把我弄进他们队，不客气地说，我是八间房历史上转会身价最高的了。

二是遇到了一场前所未见的大雨，好像还有冰雹，我们与建欢那个队冒雨苦战，空前地享受。直到现在，一说有雨，建欢就在群里说："雨战是八间房的传统。"不过，今年与宣传部的雨战却是大败，连喝二锅头都没管用，这是后话不提。

三是与大煞、二煞的决赛，我们围着攻啊，就是不进球，还丢了一个，急得大军不时地咆哮。那时，老汤念博士了，也在我们队，下半场只留了我俩防守，宋史博士老曹面对空门，三次没有打进，事后自罚三杯才算了事。

阿巍他们见玩得热闹，前来约球。打呀，其实双方都憋着一股劲儿：到底谁更强。结果，这场球踢出了奇闻。

业余足球比的是默契程度和气势，他们哪行啊！被我们开场就压着打，建欢更是连连进球，获得了"C 欢"雅号，力压二欢的另一位兰小欢一头，毕竟小欢是十大歌手，而建欢是头号球星。

社科院越得势不饶人，对方越急，那个二队自始至终在说话，比唐师父还能说，唠叨个没完。于是，他们争吵，甚至停下来争吵，我们只好围着看，越听越乐。最后奇葩的一幕出现了：对手不踢了，自动放弃了比赛。

直到今天，我们聊起这事，还是忍不住地笑。

捡眼镜的人

罢赛，就是不踢了的意思，踢一半不踢了叫中断比赛，或退赛。历史上，八间房有过那么几次。一次是与国家发改委，对方实力很强，已经领先了三个球，可那前锋还是不依不饶，兴奋点倒没啥，无非是嘴上不饶人，勾你心火。

被扳回一球后，对手小动作开始多了起来，重点针对建欢。一次争抢，那家伙故意用球闷建欢的脸，我腾地就火了，冲上去揪那小子，双方拥作一团。打架也不是事啊，“不踢了”，我骂骂咧咧地下场了。

后来，中间的朋友传话说：“踢球的这些都是服务局的，不是发改委的干部。闷人的那个在队里很讨人嫌，是个东北人。”我听了，挠了挠头皮：这事倒不奇怪，球场上这类人大都操着大碴子味，唉，这帮老乡，真够愁人的。

还有几回，都大同小异。退赛这事并不大，大不了不在一起踢球呗，形不成恩怨，而恩怨是故意把人踢伤，所谓的废了谁。像前文谈到的教授事情就是个疙瘩，这辈子都很难平复。

踢小场时，建欢最愿意与我配合，我一般不过人，也不丢球，十来米的传球稳稳妥妥。有回，我把球挑得高高的，吊到门前，偏偏有位大个儿同学与他争在前，“咚”的一声，鼻梁骨折了。我们一起开车去酒仙桥，一路聊着，那个大个儿没有抱怨半个字，听说毕业分到了国家储备局，混得不错。

我们与中科院在玉泉路踢过两次，水平在伯仲之间，理科生认真，但并不计较，球队不少是原来同校的同学。清华那场，我有点窝火，对方死打我把守的右路，队长声音还挺大：“就攻那胖子，用速度吃他。”

上半场，我助攻领先后，对手派了俩年轻的过来，感觉像是练过田径，一阵风似的。我也急了，想踢都踢不着人家，中间推搡了几回，火也消了。1∶3 输了后，我问那队长：“清华多少研究生？”答：“一万两三千人吧。”这么多，我们都无语。

有段时间，建欢联系到了大山子的一个场子，很适合我们。我那时忙活着在通州张家湾搞一个占地九百亩的汽车博览中心项目，所以经常缺席，有一天，发生了球队史上的一次大事件。

我听了多次，大致是这样的。对方都是附近小区的，以中学生居多，踢不过社科院，有心找碴儿。半大孩子野啊，直接上手。混战中，八间房出手的有建欢、泥巴、老汤几个，不少人拉架。

对这种孩子，八间房还是有所顾忌：一是胜之不武：二是招来家长更麻烦：三是研究生不擅长打架。建欢是个有分寸的人，局面始终没有失控。临走时，泥巴一帮人喊：“我眼镜呢？”

只见老替补老舍走了过来，手里拿了一副眼镜，一点没有损坏。人家打架，他负责捡眼镜，这后勤工作，嘿嘿，靠谱。事后，建欢总是感慨：“滕哥，你那个开车的拳击手要是在场就好了。”我说拉倒吧，他动手性质就变了。

我念硕士那会儿，俩同学在公交车上与一北京人吵起来了，刘哥是帮另一同学站场子的。对方说不过，遂道：“下去！”刘哥沈阳人怕谁啊，下去就下去，一回头，惹事的那个同学却没下来。

正主不在，更打不起来了。刘哥到了月坛北小街站，那哥们儿等着呢，很严肃地跟刘哥说：“老刘，咱什么素质，能跟他们一样吗？”

姐们儿老田

1987年，体改所宿舍在海淀黄庄的欣欣旅馆，我平时有两条路线。一条是往后走，到八一中学往右拐，去一家小书店租书，全是港版的金庸和古龙，回来在副食店买二斤猪头肉，有时，聚上五六个人，人手一本，互相换着看。聚精会神之余，吃两片肉、喝一口酒，日子还是挺美的。

还有条是上班路线，街上有家朝鲜冷面，味道特别地道。过了街是海淀影院，里面常有演出，我印象最深的是孙国庆，一首《无言》回肠荡气，后来才知道他和我们社会室的孙力是芜湖的发小，早知道何苦四处找票呢。

另一位就是田震，一首《黄土高坡》别有韵味，其实，那时杭天琪的名气更大，但我喜欢田震的劲儿：直、猛。多年后熟了，我说她名字起得好：田野里的雷，多厉害啊！还拿卦打趣她："一口金钟在淤泥，人人拿来当顽石。忽然一日钟悬起，响亮一声天下知。”

总评榜年年打榜，仅有的四位一线歌星基本不参与，即刘欢、毛宁、田震、那英。我第一次见到老田，是在一次活动上，社长老郭神神道道的，请来了一位大师，右边坐的是宋祖英，左边是田震。

那哥们儿拿了一张百元钞票，撕巴撕巴弄稀碎，当众吞到了肚子里。然后就跟欧阳锋似的，哇哇乱叫，肚子起起伏伏，最后从嘴里慢慢抽出了那张完整的钞票。过程中，老田不住地跟着紧张惊叹，唯有小宋波澜不惊，一派淡然。

宴会结束后，大家照了一张合影，发表在了《音乐生活报》的头版，老郑问我对她的印象如何？我把报纸扔过去说：“比老田强，比小宋差。”老田成名之前，背个大包四处演出，后来遇到了卫宁，才系统包装运作起来，出了几盘红遍半球的歌带。他们常来通县俱乐部，有时也想唱歌，但签约公司规定很严，她就拉我一起，唱那些老歌，反正是合唱，好说一些。

有天，他俩请我吃饭，老郭说没好事啊。我倒无所谓，一问是请我的助理阿静，理由是门头沟的老乡。其实是看上阿静的机灵劲儿了，又拿过全国四十八公斤柔道冠军，一起出门方便。看到阿静期盼的样子，当然要成人之美了。

她们合作了好多年，老田受益不用说了，阿静也乐得其所，在天通苑开了一家动物医院，还包了一块地，给我送了好些水果。演艺圈本是是非之地，其间发生了南京摔话筒事件、包头罢演等，是非曲直很难说，但有一点：当大腕儿时，就得有脾气。

我和老田接触最多的是踢球，英联队那时每周训练比赛，她几乎都参加，还有另一位歌手任真。我们有时自己分组打，有时与央视啥的比，她俩一招一式地跟专业似的。平心而论，小任略好些，老田软点，跑不起来，偶尔得一好球打进，也兴奋得够呛。重在参与嘛，大家都是图个气氛。

朝阳公园有家汽车电影院，老田最早带我们去的，后来一女足姐们儿在那儿开了餐馆，去的次数就更多了，怎么说呢，我至少喝大了十来次吧，跟女人喝酒，当心！

老田最铁的哥们儿是老崔，聊天时，时不时感叹："老崔，牛啊！"我不大懂音乐圈，事后证明，老崔比其他人领先了十五年以上，这里就不细说了。对了，老崔的手柔若无骨，与他握手会带来福气的。

有天接一电话，说是武汉女足世界杯组委会的，要我帮忙请田震，唱那首《铿锵玫瑰》，好事啊，不过要是合唱，没准儿我还有戏。最后见她是在成都机场，坐了一会儿便各自赶路了。

听说她生病很久了，我一直非常挂念，衷心祈愿老田身心健康！万事如意哈！什么时候有缘，约上女足的一帮姐们儿，还有老冯、赵为几个，再一起踢踢球、喝喝酒，人生是啥？不就是图个乐呵嘛！

快让我在雪地上撒点野

某日，有位朋友送了我一本《大象理论》，是关于中国未来的规划，从民生到国际战略，非常详尽。他认为，西方目前的发展模式是虎豹策略，抢占资源、力胜者为先，这是一种肉食者的逻辑。

大象虽食素，却力大无穷，而且讲究集体主义精神，哪怕到死，也是独自离开，把宝贵的象牙留下后，悄然离世。这种方式很有东方精神，是最适合中国的发展道路。道理好是好，可又有什么用呢？朋友冀望搞某种议会运动，最终是不合时宜的。

带着这些思考，我一直很困惑。后来，追随明贤法师在北大学中观，耳闻了永嘉大师的《证道歌》："大象不游于兔径，大悟不拘于小节。莫将管见谤苍苍，未了吾今为君诀。"我体会到，无论国家或者个人，走在正确的道路上，比拼命努力更重要。

先不说这些大道理，那天晚上，我们哥儿俩聊得煞是开怀，推窗望去，见雪花飘飘洒洒。过了半夜，他自去安歇，我心血来潮，叫了一帮人，跑去了网球场，在四角灯光照耀下，快乐与雪花共舞。

下雪天踢球，确实过瘾，但不像一般人想得那么简单。最好的是在下的时候，或者细密或者飘洒，脚步稳住，不要着急，十来人踢踢小场最好。八间房踢过大场，说实在的，有点危险，用力过大很容易受伤。

还有是雪后，半化不化的，球场四处留有暗冰，蹬到上面就是个跟头。在研究生院的那个小场，我们没少吃亏，有摔得四仰八叉的，也有嘴啃泥的，我那么注意，还把手给蹭破了，后来冬天踢球，我都戴着手套。

最舒服的是在雪地里踢球，雪要够厚，跑得起来，又不怕摔，一脚踢去，雪和球一起飞扬。平时不敢做的动作，竟可以完成，倒钩、铲射，进球后，还可以在雪地里撒点野，不是打雪仗，而是满地打滚。

1991 年年底，我在劲松踢了一场雪战，浑身脏兮兮地回到了宿舍。弄了些热水，我一边洗洗，一边放老崔的那首《快让我在雪地上撒点野》。那时我是贸易公司的临时工，跟王哥借的房子，对未来感到渺茫。

就在一刹那，我突然被一种更高的孤独击中：“我光着膀子，我迎着风雪，跑在那逃出医院的道路上；别拦着我，我也不要衣裳，因为我的病就是没有感觉。给我点儿肉，给我点儿血，换掉我的志如钢和毅如铁。快让我哭，快让我笑，快让我在这雪地上撒点野……”

泪水混合着热水，我一下子变得无比坚强。

第四章

东哥和他的朋友们

东哥和他的朋友们

我有位老弟小东，人们都叫他东哥，比我小几岁，踢过一段专业球，更厉害的是，几乎认识所有专业的球员，尤其是南城的。他好像没什么工作，但总有球队请他做教练，比如印钞厂、电力公司、某某科技等。

东哥拿球特别巧，基本不和你纠缠，长传尤其准，四五十米跟玩儿似的。每个周末，他至少踢两场，平时也有踢，背个大包，穿一身北京队服，后面还有个女朋友，胖胖的很和蔼，有时带几个女啦啦队员哄我："维尼熊、维尼熊……"我也不懂啊，还问别人："什么叫维尼熊？"

简单说吧，东哥就是个以足球为生的人，加上脾气好、不谋私，在北京业余足球圈子里，踢过十年以上的，没有不知道他的。那时，西城和宣武的女足教练都是我们英联队的，经常在一百中或宣武体育场训练比赛，东哥常来，而且每次都带着几个人。

一天，东哥过来说："滕总，这是杨昊，国安的，养伤呢。"我一看是个瘦子，很精干，屁股翘翘的，估计爆发力没说的。我说知道啊，不就是国青的队长嘛，高指导的爱将。

杨昊还挺意外，其实，球迷比这帮专业运动员更关注足球新闻。那是个夏天，边上有家羊蝎子，我们抡圆了开喝，十几二十瓶，反正我是喝大了。此后又喝了几次，每次昊子都没事，东哥说："您别欺负他瘦，他在国安都属于能喝的。"还真是的，另外几个大个子，早喝虾米了。

2005—2007年，我在法国阿尔卡特中国公司做战略副总裁，平时很压抑，法国人每周要两份工作报告，每份至少十页，好在第二年配了秘书。同事有不少老外，以及好些女孩子，都挺好看的，但大家都是公事公办，没什么幺蛾子。

阿尔卡特中国公司在南城的庄胜广场，我随车带着全套装备。那时，八间房、英联等都在赵公桥的北京手球馆踢小场，杨昊也来，借以恢复，对他来说，与女足踢小场，再合适不过了。不过，真看不出他是踢职业的，经常有球不追，也不过人，与大出风头的建欢相比，好像后者才该进国家队似的。

那段时期，遇到了不少足球界人士。比如小王涛，虽然高大，但身体很柔软、很灵活，根本不硬挤强抗，我贴着他踢，总被过，偶尔地显示出头球极好。曹限东正相反，爱用身体，我防守他时，被挠了好几道血印子，所以印象很深。

"金哨"陆俊老来，看得出喜欢踢球，好笑的是，他特别爱犯规，说了几次，也没什么办法，人家是业界大佬，讲不了理的。前些年那些事，其实很多是制度因素，你玉皇大帝派孙悟空去看蟠桃园，桃子能不丢吗？

有年“十一”，赶上中超间歇期，东哥给我打电话，说宣武的几个国安队员想出出汗，招呼去岳各庄草皮场打个大场。到了一看，东哥正聊着呢，介绍一番后，他就坐在自带的遮阳伞下面，临场坐镇指挥。

那天建欢特兴奋，强吃了阿姜好几回，还进了球，我们都说，这家伙没踢专业可惜了。我对位的是杨璞，国家队的主力，见我上来，就把球踢走了，我带球也不真抢，弄得我心里挺没劲的：人家没想和你玩儿。

事后总结，东哥为了鼓舞士气，煞有介事地说：“看到了吧，专业也是这么回事，咱们踢得也差不多。”

的士杯冠军

我的老领导从国企退了下来，准备去海外颐养天年，他说："六十岁到七十岁这一段，是最难能可贵的，没有负担，自己还能动，所以要安心地各处转转。"我召集了一干兄弟，在朝外河豚先生餐馆为他送行。

席间，他首先敬了官哥一杯，理由是老官第一次在北京带他打的。推杯换盏之余，我想起了自己坐出租车的事。的，即的士，就是出租车，跟港台学的，管"Taxi"叫的士，其实，打的就是叫出租车，那时候车少，也叫截出租车。

我的英文很差，辽宁大学时，班主任是陈老师，圆圆胖胖的，原是北大小语种学梵文的，在中捷友谊厂多年改造后，早已成了没有棱角的鹅卵石。有天，他喊我回答问题："Have a try."连着几遍，我有点烦了，就说："踹不动。"

当时他比我尴尬，肯定是把我当作了造反派一类，而我也确实不在乎，虽然现在想来很惭愧。因为我虽不会说，但会背，每天早去晚归，早有了五六千个单词，所以，考研英语是六十七分，分在了八四级一班。

彭哥也是一班，好像还高我两分，但普通话没我好。记得英文老师吴鹤年，是国际裁决委员会委员，水平还用说吗，他提问了几次，最后语重心长地对彭哥说："这位同学，您能不能先说好普通话？"原来，彭哥一直说的是四川话。

啰啰唆唆了半天，是说在1985年，我又在社科院英语培训中心考进了一班，因为口语不好，老师Mary不喜欢我，而且一次我冒充老郭被她抓住了，所以一烦到底。

而另一位老师Peggy不然，觉得我的演讲与众不同，有一回，她拉我一起坐出租车，从建国门到西八间房，下车时，我用英语说："This is my first taxi,I will never forget."

博士毕业后，我辗转江湖，唯一不变的是：踢足球。尤其是有了建欢，球事不断不说，什么关系都能联系上，果然，2007年踢了一次的士杯。

这是一个传统，六万多的哥百忙之余，办的一种娱己娱人活动。地点在首钢体育场，沿着石阜路一直走就是，离首钢男篮很近，不过，现在叫金隅男篮。参赛的队太多了，六十支到八十支吧，我们踢了一场又一场。

印象深的有三：一是的哥，我说图什么啊，搭上大半天搞这个？他们都说是爱踢球，踢球的人能图啥？乐呵呗；二是撒尿费劲儿，左右找不到地方，后来还是一兄弟牛，也不说话，对着石头就解决，于是都解决了。

第三是某场比赛，有一禁区外机会，建欢喊：“滕哥、滕哥，正好外脚背啊！”我看，真就是外脚背，画一条美妙的弧线，直挂网窝。这是我的美好瞬间之一，还有一次在奥体曲棍球场，我打入一记五十米外远射。

半决赛很艰苦，我踢了不到半场，杨昊来了，还有个背包的，挺面熟，一问是阿庆，一上场就跟“家里没有草原”似的，贼快。我说怎么回事啊？东哥说对方叫了胡老师等，咱也不能显得自己没人啊！我心说：这是较上劲了。

周六那天，八间房踢了一场莫名其妙的比赛，后来建欢说是安慰赛，给我们平平心气。第二天决赛，八间房只上了中锋建欢和左前卫萌芽，还有几位国安的，据说对手上了现退役球员七八名。

上班时，建欢哥儿几个美滋滋地来了，手里拿着一个奖杯。我说怎么回事啊？建欢说太艰苦了，您是没去，杨昊太牛了，中场横扫，我浪费了好几个机会，总算进了一个，这不1∶0，这就是咱的的士杯。

我当然开心，只是面对的士司机们有愧啊！啥也别说了：“得，晚上叫上大家伙儿一起庆祝吧！”

大旗惨败

有一天，我下车后，一边打电话，一边进俱乐部，只听“咚”的一声，撞在了玻璃大门上。撞得真是够狠的，我吐出的不光是血，还有两条肉丝。管理人员都跑出来，指责那位新来的门童，我摇摇手示意没事。

原来，我进门的时候，从来没有动手开过门，都是大步流星地昂首而入。没想到，终于吃了个闷亏。这件事让我想到了好多，那时还好跟净慧法师学禅，每天早晚都有功课，所以方向很快抓住了：做一个低调淡定的人。

那个周末，八间房在奥体中心打一场友谊赛，对手是大旗队。这个队的组织者是志勇，原来是北京和国家国少的主力中后卫。1986 年高丰文那届，集训一直有他，但正式比赛前伤了，所以，眼睁睁看着机会溜走了，眼巴巴地看着谢育新等大放异彩。

他媳妇是我们英联队的，也是西城女足的教练，有时比赛带家属，志勇、阿宏都跟着一起踢，时间长了，便混得很熟。他在郊区开过一个餐馆，我大老远跑去过，被王红等给灌趴下了，好不容易才回到城里。

有一回，志勇说搞了个大旗队，进队标准有二：啤酒十瓶以上，踢过专业队。由于我人缘儿尚可，勉强入队，参加了一场对北钢校队的比赛。北钢即北科大，首都老牌甲级劲旅，结果被打得稀里哗啦，我琢磨着怎么也得踢几脚啊，但一分钟都没够。

那天，我还领了一位阿洋，正宗东城体校出身，他倒是踢了二十来分钟，结果被骂得狗血淋头：跑错位置了、不敢压上等。老认真了，看得我直咂舌。喝酒时，我跟建欢等人吹嘘了这事，哥儿几个说约约呗，于是，有了这场比赛。

那天比分是7∶6，八间房获胜，虽说对方人员不整，但这场胜利足以让我们自豪。研究生嘛，口才都好，七嘴八舌地说什么的都有，我下半场吹的裁判，也挺解气，跟志勇说："让着呢，谢谢啊！"志勇没正面回答，只是说你们十号不错。

不久，大旗队正式下了战书，约好上午十点在中国农业大学比赛。我知道大旗急了，他们就没输过，哪能丢这个脸。所以，八间房也做了充足的准备，调集了所有的精兵强将。

比赛一开始，我就知道坏了，大旗派出了最强阵容，门将是甲B现役，后卫线两老带两新，中场是栾义军、高明远等老八一名将，前场是四川绵阳等当打前锋，志勇都上不了场。

我们以为对方会盯防建欢，压根儿没那事，大旗全攻全守，跟打甲A似的。一个、两个、三个，门将老石被打蒙了，一方面有失误，另一方面确实是气势被压住了。

在场上，能带球的就俩：我和建欢。为啥呢？志勇见我急了，都带球下底了，忙喊："别动他，别踢那个胖子，他是滕总。"放我一马也没啥用，上半场输了五个。

我因为要出差去合肥，中场休息便提前走了。登机前，好不容易打通了电话："建欢，几比几啊？"建欢也不说话，最后憋出一句："11∶0。"这就是八间房历史上著名的惨败——大旗惨败。

“干哈，快点”

前些年我到沈阳，都由夏哥安排，有回冬天去的，集团招待所断暖气了，那天晚上把我们冻得够呛。后来住过他家里，是个六层小楼，带电梯的，还有俩厨师，什么时候想吃都行，他常说：“有两种人不能得罪：司机与厨子。”

我待不住，总想踢球，他就让阿岩负责安排。阿岩是搞十项全能的，对体委大院熟得很，这个院当年特有名，随便扔块砖头，都能打着世界冠军。有位女柔道手后来为人修脚谋生，搞得沸沸扬扬的，她就是从辽宁体育运动学院出来的。

辽宁足球有五六个梯队，阿岩把我安排进十五岁那个组的，好家伙，全比我高。人家搞专业的，竞技精神很强，谁也不给我传球，偶尔踢几脚，也是可有可无的那种，感觉这帮孩子比成年队还厉害。

看我很失落，阿岩找了一帮搞全能和打手球的，摆俩小门，总算出了一身臭汗。因为夏哥不喝酒，我便拉着他们一起，大喝了一把，聊些体坛逸事。其中一件是，一哥们儿追女篮的人没追上，把洋辣子碾成末，搁人家晾洗的内裤里了，结果可想而知。

夏哥当兵出身，因反对林彪，和军长一起提前复员了，到沈阳驾校干了好几年。他考上辽大工经一班，经常与几个同学出去吃饭，走着走着，有一辆公交车突然停了下来，司机就喊："校长，捎你一段吧。"这让他很得意。

分到客运集团后，他很快出名，是 80 年代第一批十大企业家之一，就是步鑫生那拨儿，还上了《人民日报》社论。

我跟刘哥总去他那儿，见他在电梯里抽烟，我故意指着禁烟标志给他看，他却大大咧咧地说："这玩意儿是管他们的，烟都不能抽，我还叫什么总经理。"旁边的人都笑，很习惯的样子。后来，江湖传言他去女厕所，男女不分，他解释说没那事，有回是走错了。

我们有次去郑州，列车长一直在门外站着，做了些精细菜肴送来，原来他挂着沈铁的局长助理。路上，他给我讲用人之道，煎炒烹炸，不把人弄服了，咋能使用。他们新来的工会主席就是例子，最后找他说："老夏，从今以后，你就是我爹还不行吗？"

他血脂非常高，做过一次手术，把血全部过滤了一遍，滤出的脂肪有十几袋，只是半年后，依然如故，要不是刘哥拦着，我差点儿也做了。每次去沈阳，夏哥都请我们下乡吃猪肉，班子成员都带上，路上还打着扑克牌。

有一年，市里组织去英国考察，在英国海关过关时，排队很长很慢。一干大佬哪有这耐心啊。夏哥走到前面，把护照一拍道："干哈啊，快点！"没想到，那小妞翻了翻，很快就过了。于是，奇异的一景出现了，全团都使用了同一语言："干哈，快点……"

这小子像我

有次在宣武体育场，我和于导场边聊天，看着达子等与女足踢球，她说："那时在手球馆，滕达也不玩，就在那儿看书，你看，身体协调性还得打小练。"我深以为然，达子后来酷爱足球，但总是差了那么一点点。

于导的小孩米勒不同，很小就在运动场上跑，什么位置都能踢，后来是青年队的门将，现在在体育大学读书。不过，也是各人各命，达子书念得好，考上师大附中，留美四年，年底前，第一本书《红玉》也出版了。

有一天，我们带着孩子去了经贸大，陈东、高峰及一帮女足都在，还有个小女孩，很可爱、很骄傲的样子，不知道是不是高兴，反正长得比她爸强。

说好了与研究生队踢，他们人不够，叫了好几个校队来，一听和高手过招，那帮孩子跃跃欲试。排兵布阵吧，高峰说先歇会儿，和女儿在一旁玩着，然后安排好了，于导说滕总呢，人家很客气："你们爷儿俩打前锋。"

看到达子有点紧张，我没有安慰什么，而是暗暗提了一口气。开场不到十分钟，于导在中路一脚直塞，对方后卫见我这年纪，有点大意了，被我一个起速蹚过去了，然后右脚斜推，球进了，1∶0。所有人都没想到，其实，这是我的看家本事，老有谱了。

这下达子兴奋了，在左路非常活跃，虽没进球，那几记势大力沉的远射，也够狠的了。中场休息时，他提出要守门，于导很喜欢他，就说行啊，还给他找了一副手套。

下半场，经贸大发力了，有个高瘦的前锋太厉害了，把我们一蹚就过，一推一个准，把达子的门打穿了三四次，最后比分是6∶2，我们反正是玩，并不在意，另一个球是下半场，我右路助攻，高峰头球进了。

路上，达子聊起他在美国的事情。他刚去那会儿，有个迎新会，按国家分成一伙一伙的，老师说你们沟通沟通吧，结果没人动。他自告奋勇，跑去跟人家聊足球，这下好了，什么南美、中东、非洲，全世界没有不喜欢足球的，何况还都是年轻人。

大学期间，这小子如鱼得水，天天下午一场球，结识了好多朋友。有回叫了一个特用功的英国人，人家懒洋洋地上场了，一触球立刻不一样了，甩出别人好几里。下来一问：原来是阿森纳青年队下来的，家里有钱不让搞足球。

他们有个队，都是亚洲人，战绩不错，听说学校女足很强，在全美拿过名次，就上门挑战，结果被打得落花流水。他踢的是后卫，说女足前锋完全是男子踢法，身体太好了，据他估计，中国女足五十年内都甭想赢人家美国。

春节回沈阳，他表弟刘通问他想干啥？他说打游戏和踢足球。结果零下二十多摄氏度，通通叫了一帮省实验的同学，踢起了小场，还别说，外甥几年没见，球技可是长了，传控都像模像样的，就是身体还在发育。

踢完球，小哥儿俩聊起了摇滚乐，全是英文的，我连嘴都插不上。达子是早晨练琴，晚上踢球的节奏，而通通后来组建了一个乐队，演出录像在优酷上都有，里面俩老外还挺帅的。今年毕业分配，全班都去了航空公司，最后统统放弃了海航的机械师职位，独自去了广东的一家民企。

周围的人都不理解，我却笑笑说："别忘了，他和他妈都是学密宗的。"其实我心里在想：这小子像我。

股权游戏

阿尔卡特是家法企，在法国排在前十，最初做餐饮的，后来改做电信，进入中国之后，收购了上海贝尔，与华为、中兴三足鼎立。当时，双方为股权僵持不下，结果创造了一个奇葩现象：法方 50% 加一股，中方 50% 减一股。

几十亿股的加一减一，其实就是均股，但阿尔卡特实现了所谓控股，并表示没有问题，上海也没什么损失，还进入了国资委的一百六十八家的管理范围。我那时总去国资委，外国公司兴会见，总提出见主任啊、见副总理啊，国内对这点倒是挺理解的。

外企的规矩很多，活儿很多，如果有人闲着，那这个职位就应该被裁掉了。所以，阿薇她们不是加班，就是出差，忙得不亦乐乎。我说值吗？她们说习惯了，不忙反而不得劲儿。现在民企喜欢招外企高管，是很有道理的。

我不懂法文，英文也一般，董事长心知肚明，并不为难，总裁老大更是出名的护犊子。那会儿公司有笔培训费用花不出去，小叶建议我请个外语老师，于是每周两天，一位加拿大老外赶到公司给我上课。

这老哥们儿挺土的，没什么文凭，但教外语足够。他是半旅游性质来华，跟我说些酒吧中国女孩多上赶着、华山乱丢垃圾多没素质等，我也没爱搭话茬儿。有一天，丫还来劲儿了，说他们都不会来北京观看奥运。我的火腾地就起来了，说没人非得求着你们来，中国十三多亿人口，自己人还限着量呢。

又一次，他说中国人不讲信用。我问他什么叫信用？信用证知道吗？中国的贸易总量是你们加拿大多少倍？不讲信用怎么可能达到？丫被我说得哑口无言。第二天，我就让小叶把丫给辞退了，华尔街看到评语也很生气，据说没再用他。

阿尔卡特很想做 4G，把全球最好的技术都买断了，但就是无法落地。先是跟中兴谈并购，后又瞄上了大唐，见天往那儿跑，陪他们老大在食堂喝红酒。我写了很多报告，集团还是没下得了手，等朗讯合并时，我已经离开了。

在世界五百强做政府关系，很开眼界，能看到事情很高的层面。有一次，我代表公司参加了三十三位现职部级领导的活动，合了不少影，后来也不知丢哪儿去了。

离职后，我与中央党校的中稷公司搅在一起，还挂了个副总，一天，我在八间房踢球，忽然接到高通公司的电话，问愿不愿意去他们那儿继续做，我说：“算了，我现在忙着呢。”

峡哥打赌

1995年，老魏说三联书店想合作，我二话没说在心里就默许了，三联哟，知识分子的旗帜之一啊！那时周刊很困难，与西藏一家搞得很僵，已经停刊了。我们拿了好多钱，前后过千万，红红火火地干了起来。

按照规定及约定，我和老魏挂经营总监，绝不干涉编辑部的事情。有段时间，小刚被周刊骂得狗血淋头，找我说了两次，我说没辙啊老兄，人家不高兴，连我都得骂。渐渐广告上来了，《三联生活周刊》再次成了业界标杆。

我在书店碰到了冯仑兄好几次，他说你别干别的了，就这事干下去，是个事业。小潘也想接过去，配合他的SOHO小资情调。但我还是找了一位朋友，我们在理念各方面更合拍些，不过三联不同意，在香港工作过的董总，铁心要和另一家合作。

那阵子挺乱的，三联出了本书，回忆周刊二十年，对国康公司回避不提。我们其实也可以出本书，这里的故事太多了，但纠缠不休也没什么意思，连欠账都没要。记得那天要了间大包房，就俩人，一人一瓶洋酒，喝得差不多了，等来了回信：No way. 我说走吧，他也说：“那就走吧。”

有几年的圣诞节，我们都是在亚运村迪厅过的，巨大的包房，有他的一帮老友，有野夫和小许等。那女孩子聪颖，与她聊天很有温暖感。据说，朋友与她分手后，萎靡不振了好一阵子，经常借酒浇愁。

话说离开了阿尔卡特，我搞了一家中稷传媒，与罗斯福基金一起，做全国步行街的电子大屏幕项目。合作方有一千多家金店经销商、地产开发商，还有演员苗乙乙，董事长是美国回来的峡哥，我带的是八间房团队。

投资者都是潮汕人，与黄家兄弟是一个镇子的，每周都要聚聚餐，地点通常在顺峰店的旁边，装修与菜品还要高档些。每回乙乙都来晚，有时妆都没卸，从妆容来看，多半是些都市剧。

在座都是董事会成员，问问大概，具体事务基本都丢给我了。不少钱是乙乙投的，她却过问得最少，翻来覆去一句话：“滕总，你定。”搞得我很有压力。

聊起闲篇，我发现开发商特别喜欢小许，几乎到了痴迷程度，这真是各花入各眼，好是好，总不至于吧，我也不好说什么。最和我合拍的是峡哥，一个疯狂的球迷，公司第一件事不到一分钟就定下来了：成立中稷传媒足球队。

峡哥比我小，生于光棍节，北京人，干事很有热情。我们先办了苹果电脑培训中心，给各机构发证；还搞了讲座活动，请来了张博澍老师和王毅老师，但最好玩的还是踢球。

峡哥见晓东不错，直接调来了公司，主要工作就是安排踢球。东哥端了人家饭碗，更有敬业精神了，把南城踢得好的全叫来了，后来发现：这帮人打架比踢球还专业。

一上场，峡哥来劲儿了，非得与张伟、泥巴比赛一百米，还挂了赌注，结果跑了个第二，那个张伟脑门儿锃亮，跑得太快了。到了下一周，峡哥自费给每人配了一身装备，尤其是那长大衣，大家穿起来，非常齐整，弄得对手暗自嘀咕："这不是一帮黑社会吧？"

我是一个小月亮

我第一次见翔哥，是在西苑饭店，一大帮子人围坐一桌。他坐在一边，话很少，后来我才知道，翔哥初次都这样，借以观察对方的性格与习惯，尤其是喝酒。他说："只有喝酒实在的人，做事情才可能靠谱。"好在我从不耍滑。

第二次在湖北大厦，翔哥把我拉到身边，点了一盘我爱吃的鸡脆骨，所有在座的人爱吃什么，也都点了，最后是一份鱼翅。我说不吃这个，他却道："主菜不管爱好，这只是请客的档次。"

席间，翔哥特别活跃。他一杯也不少喝，但每杯都有说辞："你是博士，我是战士，咱俩喝了。"跟刘哥又说，"你有一个小太阳，我是一个小月亮，小呀嘛小月亮……"他喝酒不谈生意，不过大事往往定于杯酒之间，言道，"做生意与做人一样，靠的是缘分火候，千万不能勉强。"

翔哥深受领导喜爱。下连队的时候，团里送他脸盆、肥皂之类，翔哥推辞不要，声称早已得到了最好的礼物。问起来，他说：“那就是副政委的细心，政委的严谨，副团长的果敢以及团长的灵活。”善于学习别人的长处，是翔哥的准则。

翔哥是干出来的，是城建集团的突击队长，甚得百发大叔的喜爱，号称老徒弟。在公家一尘不染，干得差不多了，翔哥毅然下海，接连干了几个地产，挣了普通人几辈子都赚不到的钱。

再以后，他一方面收集字画，只要健在的大名家，为什么呢？他笑笑说：“没假的啊！而且人一走，价格马上飙升。”另一方面用大伙的钱做生意，其实就是合伙人制度，他也不露面，找几个人操盘，往往皆大欢喜。

在朋友圈里，翔哥威望极高，一是说话算数，二是手段了得。他恩怨分明，一般的小人都不敢近身。嫂夫人是河北老家的，与人为善，每逢刮风下雨，总带着热腾腾的饺子，送给地下通道的流浪汉。家有贤妻，是好多成功人士的重要底色。

翔哥帮人无数，女儿结婚，却只请了一桌，两家六口人，加上男方的舅舅。我了解一点原委，圈里的俩朋友，孩子结婚时，直接拍了五百万现金，还是名车名表，搞得亲家面上无光。翔哥说：“爱孩子，就真对他们好。”

翔哥不爱运动，却很支持我踢球，还引用名言：野蛮体魄，文明精神。我那时在香格里拉周边踢球，参加了美丽园足球队。开始是妹夫建科拉我去的，踢着踢着，踢成主力了，我便舍不得走了。

建科是两广人士，颇有豪勇之色，拿着球如坦克一般碾轧，只是伤敌一千、自损八百，经常性受伤。有一次在河边的鱼塘场地，建科用力过猛，脚都变形了。他这回歇了大半年，我也退出了他们那个队，哥儿俩再没一起踢过球。

其实还有个原因，我和翔哥的业务主场转到了东南三环。见天儿地又听翔哥的酒席神曲：“我是一个小月亮，小呀嘛小月亮……”

我有毛病

刚去金融街时，天气很热，股权协会几个人在街边边喝边聊，孙洋不喝，却很有眼色地倒酒，我说："这组合不错啊！李明能喝白的，我啤的，还有漂亮劝酒的。"后来集体去郊外度假，我们六个在月色撩人的湖边，加了一场啤酒，尽兴而归。

说起啤酒，内人老郑是个对手，有时半夜十一点了，一个说："喝点？"另一个答："喝点！"喝到第五瓶了，开始决定：得留一个清醒的了，好埋单回家。有时，酒馆没人了，我还唱着："我要喝啤酒啊，啤酒最好喝，酒桌上还没碰到过比我还能喝的。上菜不要多，拉皮来一个，上菜多了，花钱也就多。"

还有个伟哥，当年在外贸学院横行一时，据说十几瓶的量。不过现在差多了，正式场合都是拿杯红酒做样子，但一到我们仨，也是七八瓶地整，可惜最近有痛风病了，每次喝酒，都为喝啥在那儿纠结。

据夏哥介绍，江湖的传说是，刘哥曾在念大学前，和几位工友比赛，一个人喝了一百二十碗散啤酒。如果我说刘哥是我最好的朋友，老朋友或家里人肯定都深以为然，以我亲眼所见，他还到不了那个量，但绝对是酒霸级别的。

90 年代初，我们五个胖子去香港，遇到一个海鲜酒家赠送啤酒，便走了进去。天热、扎大、酒好、人猛，把那老板都喝傻了。第二天，刘哥一马当先又去了，吓得老板连连解释：赠送活动取消了。

刘哥夫人甚是了得，是欧阳老师落魄时收的弟子，那时给辽大七八级上英文课。刘哥是辽大家属，整天打冰球，叫嫂子收拾好了，动不动就："Stand up."夏哥有招啊，指使刘哥要求补课，一来二去地谈起了恋爱。

俩人很快生了一对双胞胎，老大是我干儿子，老二是老夏的干儿子。这哥儿俩一看就是刘哥的儿子，但是他俩怎么看都不像，你说奇怪不？后来他们调来了北京，嫂子考了全国第一，去牛津拿了个 MBA。

有一年，国庆兄、我和刘哥他们一家去马达加斯加，那地方挺逗，车开一半没油了，司机让我踩着，然后飞快地拿个桶买油去了。我靠，那坡又长又陡，真够吓人的。

小哥儿俩和我踢了好多年足球，不过，那时还小，我天天找人去踢，那帮小黑孩特别友好，笑嘻嘻地看我盘带进球。有一次，踢了大场，都是二十几岁的小伙儿，跑起来跟踩了马达似的，记得半道跑来了几头驴，弄得场面挺壮观。

过了几天，我们转道去了毛里求斯，那地方太小了，也没见到球场，不过，晚上去酒吧喝酒，可是大开眼界，全是法国贵族学校的学生，那些女孩子个个水葱模样，豆蔻年华啊！

刘哥天生热肠子，帮忙跟有瘾似的，有个山东老张一看就是假仗义，非要贷款。十几年前，他帮一班大佬倒腾地产，个个都成了大亨，我问他：“哥啊，咱俩忙活啥呢？”

开拔天津卫

新中国成立以后，有几个生育高峰，成为各自年代的人才集群。一是1955年，抗美援朝后难得的造小人年份；二是1963年，经历三年困难时期的触底反弹；三是1971年，造反派闹够了，索性与逍遥派一起，消停地生生孩子算了。

这说法有点似是而非，不过，每十年确实有人才辈出的个别年份。比如，1955年的李博士，1971年的IT领袖，还有我们1963年的大把精英，像姜文、孙宏斌等。“80后”“90后”，且存而不论吧。

孙宏斌是个另类，清华毕业后，去了联想企业发展部，不料坐大，“40后”柳老死磕了一下，结果1990年去监狱反思了四年。出来后，放下恩怨，一心想干地产，柳老也顺水推舟，给了一百万元的创业资金。

老孙现在在天津做二手房，杀回北京后，搞了个年售千万平方米的规划，闭着眼睛砸钱买地，把圈子里的人给得罪光了，所有金融机构都不敢给顺驰资金了。我无所谓，给他们找了一笔过桥资金，拿了六里桥的一块地。

当时，我与顺驰北京的两位赵总打过交道，彼此印象颇佳。没想到，顺驰认为资金成本太高了，把二赵打入了冷宫。我听说后，心里很不舒服，跟一位大哥说了，大哥一笑："不该帮的人，总有不该帮的道理。"

人与人之间确实有着缘分，帮你的，往往还会帮你；你帮过的，未必回报于你。话说，宾哥先是把我从贸易公司调到信托总部，后来筹建北京招行，又把我拉入五人筹备组，可惜我性子太野，辜负了大哥和小宪兄的一片好心。

某日，宾哥带我去了香格里拉边上的一座办公楼，一看老板也是熟人，在海淀做得数一数二，想去天津开发，做一座五星级酒店。老板明哥很敞亮，一边泡茶，一边解释，表示项目前期的人、财、物都放手给我。

前后谈了俩月，一切笃定。我带了八间房的几个人，除了建欢读书离不开，还有中稷传媒的泥巴和萌芽。但地产很专业，融资只是一种保障，很多细活儿都是丝丝入扣的。我想起了二赵，有天，去了立夫开的茶馆，我说你一天津人，跟我杀回老家算了。

明哥前期去了多次，与合作伙伴刚哥连着喝大酒，感觉很是投缘。明哥说，地产前期就去俩地儿：高尔夫球场和夜总会。因为，你要见的人，白天在球场，晚上在包房，至于政府大楼，尽量不要露面，让副总去就可以了。

卡都办了，不去也不好啊！但我就是不得劲儿，叫磊子开车满处转悠，一看那体育场，好嘛，地儿大人多，太让我兴奋了。晚上，给宾哥接风，我拿出球卡说：“大哥，您也别干金融了，来天津，你打球，我踢球，晚上一起喝酒唱歌，多好啊！”

高矮胖瘦战江湖

做中稷传媒时，哥儿几个走得很近，有天闲聊，提出做家公司算了，名字就叫北京八间房咨询有限公司；股东呢，高矮胖瘦四家兄弟。高的是建欢，矮的是春宇，胖的是滕哥，瘦的是萌芽。我的由天华挂名，她体格像我，没影响阵容格局。

公司成立后，有了核心，好多事情可以自己做了。比如球房，全都是老院队的人了，正式叫起了八间房足球队；还有酒房，曾经九进九出，喝得是昏天黑地，结果倪哥脱颖而出，众望所归地当了房主。

倪哥呢，当然我俩时叫他小倪，酒风好，每次不管喝什么，必先打一圈；其次是酒量大，尽管老石他们说我俩伯仲之间，但每次都能把我喝倒，连我都奇怪。他是机关出身，举手投足很有气场，不久，俩副房主、房主助理、四大金刚纷纷出笼，连王储都选出来了。多年过去，酒房一直是最红火的，最佳进步奖也被建欢拿走。

一到周末，踢球、打牌、喝酒交叉进行，而重头戏总是酒场，再说打了多年的五个人两副牌升级，也诞生不出什么老大，忙活一下午，百儿八十块钱的，连请客吃饭都不够，所以在八间房赢钱，未必是好事。

我最看重的是书房，张罗着组建了“八间房丛书”，先是在京华出版社出版了老阮的《看花总是满眼泪》，以及师妹的《可惜风流总闲却》，他们都是学唐诗宋词的。明贤法师也挂了丛书主编之一，有次聊起这些，师父说：“还有禅房嘛。”我听了一乐，哪敢把禅房与这些酒徒球友并列。

那时社科院研究生院搞三十年大庆，冯仑师兄发心赞助了几百万，让一师弟叫我，到他的万通广场办公室一起商量。我说老兄啊，搞活动是一阵风，刮刮就过去了，我还是坚持做丛书。

八间房商量了几次，决定了采访形式，具体事情主要是建欢来做，八间房公司出费用。名字叫什么呢？我说找人侃侃吧，在咖啡馆里，老魏的灵光一闪：《三十年三十人》。一琢磨，挺贴切的。

最后分工是，建欢、老汤负责经济片的十五个人，唐磊负责人文片。我找了蓝天大哥，推荐了黄江南师兄，做了首篇，还有张少杰师兄，采访中，他一句“太想改变这个世界了！”点透了全书的主题。还有华生、樊刚等，多少有些应景，德霖大哥谈国企、秉文老师谈社保，都是精彩纷呈。

有回，我跟建欢说，得找高人搂搂总啊。于是，我同彭哥一起，与张平在亚运村喝酒，听他纵论经济所六十年。后来，这位老盯人的中卫还和八间房踢了一场球，自称跑不动了，其实并没丢位。在他写的那篇中，他忍不住聊起了踢球往事，说我跑得跟风似的。

唐磊请的那些师兄，我没去谈过，名字是如雷贯耳，徐友渔、周国平、高全喜、汪晖等，我加上了高中同桌许宏，评价道："先秦史得看这哥们儿的了。"到中信出版社一聊，那老师是社科院财贸所出来的，对我们很是赞赏："研究生院八七级以前的，就没有差的。"

这几本书的序，包括老阮的，都是建欢急就章抓我写的，副标题也是难产，我拍板说："改革卷叫《指点江山》；社会卷叫《激扬文字》。"

有天，春宇跟我说泰达有个五人制足球赛，报名不？我那时在天津负责的公司叫万景宏城置业公司，我说报啊，把建欢喊来。那时，跟我从北京来的，除了二赵、春宇及萌芽，还有开义，特仗义一孩子，我大哥的外甥。

第一场遇到的就是强手，某酒家的，一帮足球体校出来的，压根儿没瞧得起我们。一开场，开义守门，高矮胖瘦依次排开，打防守反击，公司员工也都在，踢得跌宕起伏，最后还是赢了。哼哼，我们哥儿几个多默契啊！

争进八强时，遇到对手了。泰达最厉害的单位就是港务局，他们派出了两个队，这个是二队。开局后，压力极大，但建欢就是建欢，硬生生地先拔头筹，比分 1∶0。对方急了，一脚脚跟炮弹一样，开义再猛，也顶不住了，最后2∶5出局。

看到大家伙虽败犹荣的样子，我一挥手：“喝。”又去了那家日本铁板烧店，反正酒水免费，一顿乱喝。酒后，我们去了国色天香歌舞厅，那是咱主场啊！我问建欢还想干啥？那小子嘿嘿一笑：“洗澡呗。”

一天四悠

有天，在公司与刚哥聊天，谈起了信佛的话题，他们泰达一帮大佬全是普陀山的弟子，每年必拜、有事必拜。我那时比较清闲，所以功课一直没有落下，觉真长老还去公司坐过，给予加持护佑。

刚哥家人生病，加上没去过西藏，说："咱们去趟拉萨吧？"我说行啊，于是订票，第二天就飞成都，接着再飞拉萨。

刚哥很注重健康，每天都喝野生石斛，说有各种好处。所以去拉萨，带了好几个随从，还订了一辆救护车，怕有紧急情况好去医院。下了飞机，没觉得有什么不适。之前，涛哥吓唬我，说是去了三趟西藏，两次都死人了。

我没管那个，先是洗了个澡，再美美睡了一觉。第二天去布达拉宫，真是难忘之旅，没去过的都应该去一趟，里面神圣庄严，千年传承保存得非常好。在拜的时候，我与刚哥各有缘法，十分殊胜。后来统战部的房主说，如果提前安排了讲解，感觉会更好。

觉真法师曾说过我一句话：“还是凡夫啊！”这话其实挺重，我身上的习气实在是太重了。我们心灵之旅结束，马上开始喝酒，那一天我喝了十九瓶啤酒。

在泰达，我们有时一天喝四悠。第一场是饭店，比如涮羊肉，正常七八个人，天津人一般都窜场，相互敬酒啥的，但我们这桌很少，他们都是最早做废旧钢铁的，赚钱很早很多，极少有人跟他们平肩膀相交的。喝法简单，三两起步，正好一杯，看老大的，他提议喝完，大家就都干了。

第二场是国色天香，刚哥自己的场子，我也挺熟，几个大的包房轮流去坐。这时敬酒的开始多了，各种喝，一般开一到两瓶蓝带。

我爱喝啤酒，但歌厅多数是假的，根本没度数，一小瓶卖五十元，有时喝一千元的都没事。这场晚上十二点前后结束，因为有的朋友第二天上班。我们呢，接着去隔壁的迪吧，俩包房选一个，继续洋酒、啤酒地喝。

迪吧的好处是可以跳舞，一帮大老爷们儿甩开膀子就是一个跳，跳出浑身大汗，就舒服多了。场子最欢迎的就是我们，为什么？挣小费啊，喝到那情况了，跟进赌场三个小时一样，钱已经不当钱了。

第四悠的说法是我倡导起来的，因为这么反复折腾，肚子饿了，得去消夜，这是在南方养成的习惯。刚哥他们不熟，这场往往听我的，各种小店，后来比较固定一家蒙古牛羊肉的地儿。

连着四悠，打坐是不能够了，偏偏第二天还起得早，我扛着球杆去打球了。球场露水很大，基本没人，不过，十八个洞打下来，人就缓解多了。

到了下午，部分酒友开始露面，刚哥或者老赵还得再躺会儿。直到天快黑了，司机阿斌拿着手机跑来了，刚哥有气无力地说："滕哥，哪儿呢？喝粥去吧？"我底气十足地说："泰达球场呢，踢了两拨儿，都快没人了。"

跟冯仑借光

八间房组团去湖北的时候，我没去成，回来听他们说起种种，也无非踢球喝酒之类，泡妞高手一直乏阙。2008 年秋天，我去武汉，把建欢乐坏了，张罗着为我接风，在长江边上的农家鱼馆，与他的几个弟兄一起，把酒临风，其喜洋洋者矣。

第二天多雨，建欢开车，叫上了他的表妹，一个出身高级知识分子家庭的设计师，一起去了五祖寺。接待师父或许有统战部房主的面子，很是热情，遍览五祖六祖圣迹，感受那“本来无一物，何处惹尘埃”的原发处。

路上，捡了一个弥勒佛像，漂亮表妹甚是开怀，见到监院师父，一愣道：“转世的吧，长得太像了。”进了室内喝茶，师父送我们一人一个开心锤，他说：“佛教不讲幸福、高兴之类，开心为要，就是打开心扉，与世界融为一体，哪里还有什么烦恼啊！”

建欢开车又去了四祖寺和老祖寺等，站在一个山头上，指着壮阔的长江对岸说：“那里就是江西庐山，有家著名的东林寺。”我默默看了很久，想起莲社一百士，以及虎跑溪的儒释道对论，跟他们说：“今日才知什么是江湖啊！”

由于下雨，我们聊天倒也方便，建欢教了我一个新本事：写微博。我平时白天事情不多，闲暇时读读书、写写博客，但得有环境，打字也慢，而微博不同，随心所欲，拿起手机就来。

写博客是春宇、萌芽教的，起个什么名字呢？我说敖楚戈吧，是柳残阳《铁血侠情传》的男主，侠义无双、豪勇盖天。过了一阵子，春宇说注册好了：傲楚阁。我说不对了，边上有人说差不多，阁楼多好，比兵器强。

后来两湖人士有意见，说我是不是瞧不起他们啊？我解释了几回，挺勉强。有次觉真法师听了，微笑道：“很好啊，以楚为傲。”还鼓励我多写佛学的内容，法师认为，我的朋友以企业圈为主，劝善总是件功德。

什么事吧，就怕积累。我写得用心，博客、微信一起来，渐渐地点击率越来越高，再配上佛教音乐，的确是入心入肺。有时候，朋友喊我喝酒，我说晚会儿吧，博客还没写呢；有时候踢球，立马发了微信。

某日，兄弟来泰达，我在集装箱海鲜街订好了包房，就去球场玩去了。眼见天都黑了，人还没到，我赶紧打电话，怕路上有事。来了后，我俩相谈甚欢，一溜节目下来。第二天，我有个会，让他等我，结果，一拖再拖，他说不着急，滕哥你这个傲楚阁写得够好玩的了。

回到北京，兄弟介绍了华语朱总，聊起金融是我的强项，席间，他说："朱总，滕哥的文章不错，帮忙出了吧。"老朱一口答应，让副手小马负责具体安排，联系的是中信出版社。

第一本《淡定的人生处处禅》没问题，请明贤法师通读全书，还作了序，觉真法师是推荐人；第二本《黄金屋》也还好，副标题是"一个老总的读书笔记"；第三本是《那些鸟人儿》，副标题是"一个老总的江湖见闻"，清样都出了，社长出差回来不干了：这里面有姜昆，怎么能叫鸟人呢？得，改吧。

编辑小郭成天给我打电话，有天拿了一串名字，我一听：就叫段子吧，如果能叫的话。谁也没想到，《段子》进了机场就火了，一周一加印，这五六年卖了好几十万册。华语后来就追着我写，这回得付稿费了，于是，又出了好几本，我也成作家了。

这套书还得感谢冯仑师兄，有次体改所聚会，我想让他推荐一下，他一拍胸脯，说名气是大家伙一起的，尽管用。送他下楼时，冯师兄悄悄说："你把样稿给我看看。"他哪有工夫看这玩意儿啊！我每本都送了样书给他，借着《野蛮生长》的东风，跟着借光了。

有天，小郭跟我说："咱们《段子》卖得比冯仑的还好呢。"听罢，我赶紧左右看看，这话可别让冯师兄听到啊。

帮谁的忙

到了2010年夏天，我在泰达的历史使命就完成了。我在那儿待了两年半，感情已经很深：一是各种酒友；二是各种球友；三是各界朋友。话说几年后，四大直辖市发生了四大莫名其妙。

元旦，上海滩踩踏事件，死了上百人，很难想象；接着，来了一股龙卷风，颠覆了重庆轮船，死了五六百人；夏天，北京城股市突然断片；最痛心的还是天津大爆炸，那仓库离我们皇冠假日酒店不到一千米，周围全都废了。事发时，我在湖南汉寿县调研，给朋友们打了电话，得知没事，才内心稍安。

回京的日子依旧逍遥，我自己开车，四处瞎溜达，兜里很快又有了七八张名片，都是副总，而且是常务居多。一位在澳门做大学校长的朋友跟我说："人生在于设计。"我觉得不一定，生活的刻度并非清晰，有个方向就可以了。

我先是追随觉真法师去了一趟印度，升华了很多。师父说，人生的问题都与心相关，但是不是就形而上了呢？其实，可以把握三个维度：心量，可以尽量大；心态，可以最平和；心境，可以无限高。同行三十人，共同出了一本集子，我写十篇《印度游记》，收录到了《淡定的人生处处禅》一书中，成为自己朝圣之旅的珍贵纪念。

那年夏天，我参加了北海禅院夏令营，与夏居、彤远一起，协助法师做营务。临别那天，大家敞开心扉，聊了一夜，特别生动有趣。出了帐篷，眼观星斗，独自吟道：“云寂远山晦，风起高原凉；弘法狮子坐，漫天星斗光。南六北七际，牛郎织女望；獒声惊野兔，禅寺莽苍苍。”

回京后，明贤法师在北大开示《中观未名疏》，每个周末近六个小时，我每次都有种如饥似渴的感觉。佛学，再也不是遥不可及的梦想，而是近在眼前的修行。前有名师，后有北大禅学社的学子，相伴的还有那么多北京居士，这是一次灵魂的洗礼。

某日，明贤法师与我商谈，准备把几种内容组合在一起出版，定名为《三宝论》，厚厚的四大册，由宗教文化出版社出版发行。正好老友王总来京，聊及积德行善，他说：“你们不是说每个人肚子里都有佛吗？我和他们都是哥们儿。”

说起《三宝论》的事，他问我出钱请了没有？我说出了啊。第二天，王总会计打电话要账户，把一笔钱立马汇过来了。记得广东一个老的女居士也坚持发心，这都是缘法啊。

那个周末，我们八间房在奥体与中石油的下属公司打比赛，王总问钱到了没有？我说到了两天了，谢谢啊！他说没事，你最近能不能抽空来趟三亚，帮我看个项目，我回答：“你都帮我们的忙了，我们能不帮你的忙吗？！”

第五章

笔筒理论

笔筒理论

王总去海南，跟我有点关系。因为有一年，我去了七仙岭，感觉好极了，住的房间里有温泉池子，泡澡不说，还有果子触手可及，实在是享受。另外，不远处有家烤鸡店，绝对的原始风味，我问老板娘："你的青菜是绿色的吧？"她一笑："在我们这里，是打不起农药的。"

前几年，王总得了病，冬天怕冷，我便推荐了七仙岭，他去那儿一住，感觉甚是良好。商人有个毛病，走到哪儿，生意就做到哪儿，那时地产火烫，海南县城的房价比我们省城还高，他就想着搞开发，我问项目多大？他说山上十平方公里，山下三平方公里，连起来搞。

去就去吧，反正明贤法师在那段时间停课了，我权当度假吧。每天洗温泉、游泳，喝着仙人掌果汁，吃着东北菜（老板是东北人），晚上再去河边吃消夜。逍遥归逍遥，干活儿别差事就行。

王总太了解我了，从谈判到合同，全甩给我一人了，而不到一个月，全部搞定。项目立意是主题公园，即玉佛博览园，王总把几千吨玉石雕刻成佛像，并捐给省政府，作为回报，政府划出三平方公里的开发用地，还拨了一所小学校，作为开办地。不管怎么说，事关佛教，我自然用心。

春节临近，我干完活儿就回京了，最大的收获是写了好多诗，比如《三亚之夜》：“暗夜不知侵，天地无所谓。浩然我自知，坐待风云起。”不久结集出版了诗集《空·地·海》。王总很想让我留下来，我没好意思说其他，只是摇头：“这地方也没法踢球啊！”

话说王总，在辽南可是位传奇人物。在《段子》五本书里，他的桥段最多，也最受欢迎。每次见面，他都讲上几段，跟我说：“征辉，我不跟你多要，一个段子五十元行不？你请我吃饭就行。”等到了前台，他的助理二杨早埋完单了。

我俩同龄人，都是1963年属兔的，但他的孙女都十几岁了。海城在东北很特殊，极有张大帅的遗风，就黑道而言，是有传承的；白道也不得了。

王总发家靠运输，北到黑龙江、南到广东、西到新疆，四处是他的车队，跟走镖似的。

后来转型做矿了，谁都知道岫岩老玉沟有个矿脉，地勘队打了几十年没打出来，他接了过来，也不行。王总急了，跟手下说：“再打二百万元的。”嘿嘿，有个眼就打在矿脉两尺处，我亲自看过，确实有命。

这矿是他与某著名老板合作的，反正吧，那人后来去北京发展了，我有次去挑玉石山料，老板的手下还叽叽歪歪的，王总不管，把多余的石头亲手敲下去了。

有回，省里开现场会，省有关领导等讲完话了，轮到了董事长，王总说："我就一钉马掌出身的，没什么文化，不像你们这些专家，一套一套的，都是些好笔啊！但我这人有一好处，能做笔筒，什么样的笔都能装进来。"

球场边上的董事会

我在 90 年代喝酒不多，去了珠海那趟，把酒算勾起来了。那时在阿尔卡特以及天津等处，费用都是固定的，一个月几万元的交际费，办事是一方面，另外就是怎么花出去，说实在的，老费脑筋了，请谁、在哪儿、咋坐、吃啥，全都是人情世故。

这十几年最靠谱的酒友，当属伟哥。他比我小两岁，中原人氏，在广州学的外贸，圈子里的老妹儿也叫他瓜哥。原来，大二的时候，他跑火车站瞎溜达，遇到了一伙新疆人，发出的两车皮哈密瓜质检不合格，被香港退货了，正进退两难呢。

伟哥一看货，再问了价格，顿时觉得有利可图。他与新疆人谈好条件，赶回了学院。一方面筹措了部分现金，另一方面找了武术协会会长老熊，聚集了百十号弟兄，租了车辆，浩浩荡荡地杀奔火车站去了。

那时的广州，很少见到哈密瓜，有一点也贵得离谱。伟哥先是与工会联系，按人头满足教职工需求；其次是社会推销，一时间广州城到处是卖瓜的学生；最后是学生消费。和伟哥同宿舍的有个朋友，在后海喝酒时，亲口跟我说："男生宿舍里堆得全是哈密瓜，我们全都吃反胃了，跟你说吧，到现在我都不碰那玩意儿。"

不管咋说吧，这位瓜哥是赚钱了，说有好几万元，80 年代中期啊，万元户比现在的亿元户还少。接下来的日子，伟哥就逍遥自在了，喝酒打球、约会跳舞，毕业后分到外贸部，后来下放去了中化，因为跟人事处长顶嘴，再派到海南锻炼，与我成了同事。

我和他踢过几次球，印象不深，但他的口才一流，排在铁嘴第一，人大的灏哥屈居第二，我勉强算第三，还有俩比赛吃猪肉的高手，也是侃坛勇将。伟哥桥段较多，有一个非常经典。

公司分两桌聚餐，喝得差不多了，领导问还剩啥没？伟哥举着盘子里仅剩的鸡屁股，就过去了。气氛之下，领导不好说啥，只讲："今天我不说什么，这叫不战而屈人之兵。"他却应声而答："对啊，你知道这话是谁说的吗？"然后大声喊道，"孙子说的！"

我是第一个离开海南的，伟哥是第二个，而后断断续续有些联系，知道他由于业务好，回总部当科长、当处长，直到做了某上市公司的副总，还搞了一家能源总部，专做煤炭，把老本行的煤炭老总，都挖来了做助手。

最牛的是欧洲反垄断那回，伟哥跟着集团老总和副总，一起向经贸部汇报，一看部长坐的比他们还多。贸易高手当然不会怯场，伟哥啪啪一通讲，简单说吧，就是利用焦炭配额，逼欧洲十大钢厂就范，克虏伯之类一发力，中国那点事就不是事了。

露了一把大脸，伟哥反而不安起来，可能是人在高处的某种本能吧。记得北京奥运会足球决赛，中午天热啊，我看着梅西、阿奎罗被晒得蔫头耷脑，靠着迪马利亚一次突袭，才胜了尼日利亚。而伟哥呢，一个劲儿地打电话："卖，卖了，全都卖了。"

伟哥是个偏才，或者叫天才，对大宗商品的拐点极其敏感。五十美元的焦炭，被他数年间炒到了八百多美元，在奥运最辉煌时，他却抛售，七百美元，可以；六百美元，也卖。两个月后的一次酒局，他说已经跌到了两百多美元。伟哥一饮而尽，叹道："最好的时光已经过去，我也该挪地儿了。"

我去天津，他最不乐意；又去海南，他更不开心。等一回北京，立刻把我黏住了，一周七顿酒都是少的，为啥？经常一天两顿。简单说吧，他与另一位宇总，搞了家亿康矿业，分任董事长、副董事长后，给我留了个总经理位置。

有天，建欢张罗在奥体四号场打比赛，一共就十一个人，我打右前卫，满场飞奔。那哥儿俩站在场边观战，看我有助攻有防守，不由得连连点头："怪不得爱踢呢，还真能跑。"

中场休息时，见我还余兴未尽，宇总拉着我就走，去亚运村开董事会。我说不行啊，球队缺人，他俩一指晓龙说：“那不是刚来一个吗？麻利儿点吧，咱仨定下来后，晚上还要和茂名石化谈呢。”

上手段

有一天，我们在奥体踢球，忽然过来一小伙子，喊我干爹。我一看是阿强，原来在中稷传媒干过，他当时的女朋友还是公司的业务骨干。他是刘哥的小孩，爷爷是人大第一届体育硕士，他们家的体格全都杠杠的。

阿强酷爱篮球，是农大校队的主力，踢球也成，与弟弟在场上联手纵横，初中时，就来研究生院打比赛，那副认真劲儿，大人看着挺可乐的。后来又后来，想笑也笑不起来了：只能追慕年轻人如风般远去的背影。

那天有女足和政委一帮人，周六晚七点到九点固定在三号场，照例是要吃消夜的。我喊阿强一起，他说不了，喝不了酒，明天还要上班。临走时，阿强嘱咐我少喝点，我说："踢球吧，开心；喝酒呢，更开心。我踢球不为健康的生活方式，而是寻开心。”

我正喝着呢，电话响了，伟哥约我。我说来吧，结果真来了，他吧，见生人不爱多说话，杵在那儿挺别扭的。那就走吧，我俩换地儿继续喝德啤。推杯换盏间，他说后天去外蒙边境，从北京、太原、神木，直到鄂尔多斯，考察货源、场地等，准备组建一家新的公司，拉我一起，我说：“闲着不也是闲着嘛。”

我们发现这路也太长了，伟哥建议打扑克牌，人多别斗地主了，打一种“挖坑”的游戏，四个人叫牌，喊“直”的人坐庄，然后三打一。有哲人说，人类一是好色，二是好玩，这话还真是有理，不知不觉时间就过去了。

晋、陕、蒙一带，公路上全是货车，不过很讲规矩，把内道给让出来，据说这都是罚出来的。蛇形之中，大家渐渐都有些累了，司机小宋却说：“滕总，您多喊点直。”我说为啥啊，他说，“听着提气，还不犯困。”

我对神木印象一般，比较土气，据说赚了钱的都不住这儿，后来有个在北京买了六十几套房子的姐们儿，就来自这里。那个邻近外蒙的小镇不错，居民基本都是蒙古族，热情好客，晚上去了一家农家院，我见墙上有两张图，上面是各种各样的鸟，便问老板娘：“您这是动物保护吗？”她头都没抬，回答：“不，都是给你们吃的。”

到了鄂尔多斯，立马不一样了，各种高大上，宾馆林立、马路宽敞，不过，一半以上的小区灯火寥寥，当时已有了鬼城的迹象。伟哥引荐了几家大的煤矿，谈完了以后，他问我如何。我说：

“看来价格不是关键，所有人都在付款条件上不松口，市场有问题啊！”

那天中午，我们参加了朝鲜宫廷宴，宾主分开坐好，服务员全穿着明式的传统服装，一小盅一小盅地喝，算起来每个人都喝了不少。然后是各式歌舞，连“雄赳赳，气昂昂”都出来了。热情归热情，送别时，只限于宾馆大门口。

晚上，是伟哥合作方的驻蒙办接待的，餐厅很蒙古化，手抓肉等菜品十分地道，在鄂尔多斯市也是不多见的。喝着喝着，出了点情况，我干杯后，嘴巴发出了一个动静。我左首的主任看了我右首的书记一眼，后者一挥手，叫来了领班，说了仨字：“上手段。”

于是乎，歌啊舞啊接二连三，敬啊罚啊一碗一碗。伟哥一脸无辜，把着那瓶酒，坚守阵地；同去的三位，一个眯着了，一个倒自己后背上了，一个大口喝小口吐，多半吐衣服上了。我不会耍滑啊，那就硬喝吧，反正没被干倒。

出来后，我坚持去唱歌，总算结束了近年喝酒最猛的一次。

应无所住

伟哥到各地，似乎很有规律，比如郑州探探亲、太原聊聊事、上海唱唱歌、广州会会友。我们到广州那天，恰好是广外贸的同学会，看起来天南地北的都有，其实就两种：出国的、没出国的。显然，没出去的混得更好些，而且体制内的比体制外的牛多了。席间，他们不时提起一位同学老熊，是军队油企的总裁。

第二天，我们去了老熊的公司，伟哥去开董事会，我没事闲坐，翻阅一些资料。晚宴是庆功会，自然很敞亮，坐了有四五十人，记得还有一位银行行长。老熊很讲究气氛，逐一调动着，我跟着笑着喝酒，态度宽和。

第三天，去了集团会所，由住宅改装的，私密而简约。那天有三十多人，感觉是为伟哥接风，开始后，他们当年的辅导员讲话，煽情很到位，老熊与伟哥坐在正对面，彼此呼应。老熊与我以前见过，昨儿又送了他《段子》，就让我讲几句。

我说各种所有制走过很多，企业文化感觉最深的就是贵公司，特点是老大既有王气，又有霸气，员工既有定气，又有朝气，说到这儿，站在酒桌四周的小伙子小姑娘都鼓起掌来。我又道："不过，公司的眼位在于会所门口的四个字——应无所住。"

掌声再起时，老熊乐了，亲自带头敬酒，因为我挠在了其痒处。老熊是云南人，天生傲骨，学生时代就为党性问题，去过中办上访。他酷爱《金刚经》，平时练习书法，那横幅正是他亲手所书。

广贸同学很团结，各把一摊不说，老熊等联手收了一家很大的香港上市公司，在内地有十几个码头。说起人手不足，想起了闲着也是闲着的我了，这里面自然是伟哥的推荐。负责的是另外一摊南通启东县（现启东市）的洋口港。

报到时，我只填了个表，别的并不涉及。集团一部门经理民哥是项目的总经济师，问我晚上去哪儿接风，我神秘一笑说："刚才听几个小伙子要去踢球，凑个热闹呗。"民哥大我一岁，大连理工七八级的，也是足球发烧友。

听说我去，集团管行政的副总亲自带队，一下场，真不是样子货，停靠传都有点专业范儿，加上年轻，速度很快。我和民哥打打停停，到了后段，有点拱火。对手也是公司总部的，下脚狠，还往我眼镜上踢。天色渐晚，民哥应声给我一个角球，我右腿一垫，挤出人缝，凌空抽射，打入死角。

火锅店里，我俩吃夜宵，我喝了个满杯，说道："去个新地方，不说立威，也不能装孬啊！"民哥深以为是。开拔第一站是南通，那里是个工作点，合作方是港企，女主人出身北京，有些不大配合。见面后，发现她的助手也是老中化的，负责洋口港边上的旅游项目，还有温泉酒店与高尔夫球场。有他接龙，对话方便了许多。

那晚正巧另一个县发生了大事。日本王子纸业落户在那儿，遭到开发商强烈抵制，那天好多冲进县委。大家心不在焉，女老总却兴致颇高，唱了好几首歌。

那几天，我和民哥开车去踢小场，没想到，南通的野球水准还不差，也不欺负外人，还挺享受的。晚上我们进城吃消夜，夜景十分宜人，浓浓的江南风情。到了启东，地方政府也是大股东，董事长说起本地出去的刘延东、李金华等，如数家珍。副总小孙是名校毕业的，对情况熟悉，又真诚敬业，和他聊完后，我已经心中有数了。

去岛的廊桥有几千米，开车都晃晃悠悠的，公司打算建千万吨的油罐码头，即华东最大的油罐联合国，老熊的战略眼光是独到的。办公室由股东提供，我们还租了住处，那时正值伦敦奥运会，看着一块块金牌落袋，哥儿俩忙着满县城吃喝，不到一个月，几乎耍遍了。

很短时间内，民哥和我协调了两大股东关系；见了七八位领导，落实了战略协议，包括土地开发补偿；与江苏省工行签署了五十亿元贷款合同；人员到位，办公到位；见了南钢等战略合作者。种种原因吧，我离开了启东。回京，聊起了这些，伟哥干杯后，半是埋怨地说：“老哥，你这人就是办事太快了。”

就踢球，能咋地吧

《纽约时报》刊登了一位犹太老人的回忆文章，大意是家族进集中营前夜，讨论把两个孩子交给谁。一位是总帮他们的商人，一位是家族抚养长大的孤儿银行家。族长最后拍板：一家一个。结果，他被商人偷运去了美国，而另一个孩子被交给了纳粹。

老人在美国花开枝蔓，垂老之年忠告子孙：你帮过的人，不一定反过来帮你；而帮过你的人，往往还会来帮你。这种多重因果在生活中并不少见，所以很多成功人士都会尽量地与人为善。就我而言，义哥和宾哥都是帮我多次的贵人。

有次聚会，宾哥劝我别闲着了，推荐我去了一家地产集团，急于找位能带队融资的人。第一次见面在集团会所，老板威哥是我同龄人，在圈子里地位很高，坐在那儿喝红酒、抽雪茄的，一副上位多年的大咖派头。我们聊得还不错，彼此有很多的熟人，关键还是老大哥宾哥的面子。

其间喝了两回，最后老曾跟我说，先来集团做总裁助理，负责资金部，待遇若干，同时兼着南方平台公司的总经理，因为集团重心正在南移。说实在的，我还真没干过什么助理，但此时已不在意这些虚衔了。干就干吧，老话一句：闲着不也是闲着嘛。

这种家族企业都是老板自己运作，其他人好像围着伞把转的伞骨一样，离得近离得远，都是辅助关系而已。集团周一上午例会，各部门各分公司逐一汇报，然后是几位老总。副总有俩，一位老大哥原是五星级酒店总经理，现在负责行政物业；另一位是创业老人，负责建设。

我的助手是个美女，老北京人，干过外企，敬业精神没说的，但对周末的私人空间看得很重。其他也是些女孩，北京人居多。我为什么要说这个呢？因为只有大的民企才聘得到当地人，而非北漂。

威哥生日与毛主席同一天，八字关乎气质，可见都是很霸气的。不过，老曾一直对我很好，毕竟花了代价，总要物有所值吧。他的三个秘书每天都至少打几次电话，让我过去汇报。那年地产形势已经趋紧，融资并不容易。好在老板家底确实够厚，有优质物业抵押，做起来还是底气十足的。

那年秋天，公司的五星级酒店开业，我给写的讲话稿。说来惭愧，像我这种副总级别的，一样是什么都干的，包括代写各种东西，反正不让你闲着就是了。有了酒店和会所，我那段时间真是见了不少人，亲睹了林林总总的社会形态。

刚到公司，我做主找了个男助理，是我侄子。平时下班没事，我俩一起喝洋啤酒，那时我住建国门公寓，他有时周末过去帮我打字，写《做东》。这事惹得老板很不痛快，虽没说下不为例，但以前是没人敢这么干的。我却觉得，过来是帮忙的，把钱贷来才是真本事，这种小事算啥。

公司在深圳有家高尔夫球场，效益很好，我们去了只能住那儿。有次待了半个月，把我急得，弄了身装备，到处找球踢。我在深圳的助手也是位美女，给我介绍了个球队，踢了五六次。记得有个周末，深圳反日货大游行，我踢得浑身臭汗，偏偏助手身着盛装，拿着文件找我签，那情景颇为怪异，所以一直记得。

年前，我们在酒店吃饭，一位老友过来敬酒，他是家基金董事长，说："我太了解你俩了，个性都那么强，真没想到还挺好的。"可惜，真被他说中了，半个月后我就离开了。

起因很小，那天是个周六，上午十点八间房在北京医药大学打比赛，正热身呢。突然，威哥来电话，问我为啥没去开会。之前为海南项目，我一个人在一天之内，从谈判、写合同，到半夜十二点正式完成签约，整个耍了一条龙过人。当时，公司所有高层都在另一房间等着，然后举办了签约仪式。回去的路上，我就感到不祥：这出头鸟当的，不吉利啊！

我一不爱借书，二烦别人打扰踢球，所以没什么好气，回复说："没人通知我啊！"他说这不是通知你了吗？我烦这种没正经事瞎折腾的做法，就说踢完了再说吧。半场结束，我看到了老曾的短信，大意是：你认为踢球比公司重要，那你就只踢你的球好了……

其实，之前我跟家里领导说了多次，不爱伺候民营老板，她酒后吐口了。既然这么说了，我踢完球就去了办公室，收拾收拾，写封辞职信，放到了桌子上。我问侄子：“你呢？”他乐了：“我当然跟着你。”真实原因还有一些：老妈病了，我着急回去。于是一辞职，我们立即回了东北。

凡是打过工的地方，我从不联系以前的同事，也不想知道公司的事情，这已经成为习惯。我接触了这么多的民营老板，总结了一条：个性强的人，当不好助手。

又站在夕阳下

我出生在辽宁盖州镇，父亲是从离县城十五公里的望海寨考上师范附小的。毕业后做老师多年，后来给县委书记做秘书，又做乡党委书记，退休时是县志办主任。母亲也是教师，做过幼儿园园长，在卫生学校退的休。

见李老师时，说起盖州，她马上提到“金复海盖、辽阳在外”。李老师是北大历史系的。她说这句话是指沧海桑田时，只有辽阳淹不到。我苦笑着解释，关内人来辽南乞讨，这四大县不好要，还放狗咬人家。

二十年前，某领导欲挂联一家地级书记，本来选的盖州，可一了解，贫困县有财政补助，于是去了海城。随后，海城出的部级干部跟韭菜似的，一茬接着一茬。而盖州人也能自圆其说：大清河在白果农场拐弯处，被别人修了一座塔，扣下了一斗芝麻那么多的官。

我回老家，主要看父母，以及三亲六故，跟官员朋友不咋接触，撞上了那是没办法。这些年，跟同学发小，那是非大喝几场不可，除此之外最多的就是小雨集团的崔总。

1997 年秋天，我和北京几个朋友来鲅鱼圈，老郑一嘚瑟，骑上了一匹马，在沙滩上没跑一会儿，窜回了主路。在大喊大叫中，老郑仰面摔在了柏油路上，脑袋起了鹅蛋一般大的包。那时她小啊，也不当回事。

崔总准备了一艘大船，甲板上摆了一大桌，菜品自然是丰盛至极。可没多久，一个吐得苦水都出来了，还有一个不停地吃馒头，吭哧吭哧地吃个不停。边上有人评价：这哥们儿有狼性啊！

那几年，崔总在仙人岛有家仙侣山庄，晚上了，我们开着几辆丰田半截子，出来打猎。车灯一晃，兔子立刻站了起来，俩眼睛通红，在夜色下极为明显。每次，都会撞上野鸡窝，砰砰砰一顿打。后来皈依了，这事不做了，也不多提了，阿弥陀佛！

崔总比我小，事业在辽南屈指可数，糖尿病多年，却从未吃过药，秘诀就是健身、凉水澡，还有打坐。记得在奥体东门那家按摩店，我们做足底按摩，他跑步，一跑就是一个多钟头，服务员以为他怕花钱，还一副挺理解的眼光。

我回家乡不固定，有时父母过生日啊，逢年过节啥的，全靠这些朋友张罗。其中，我妹的同学小伟最贴心，喊我妈为老娘。前年春节前，他开车拉我去矿洞沟看项目，一起爬了两座山，然后到山下农家乐吃白肉血肠，末了问我：“大哥，你还想干点啥？”

我说能干啥，还没在鲅鱼圈踢过球呢。他说：“妥了。”

第二天下午，在鲅鱼圈高中球场，一帮朋友拖家带口地全来了，约的那个队水平还真不错，还有教练，在场边大声小气的。我那段时间喝酒多，根本跑不起来，哥儿几个还夸我：“大哥，你这身手，一看就练过。”

对手在打一个业余比赛，所以挺认真，我喘着气说：“这也太年轻了，一趟就把我过了。”然后继续喝酒，吃海鲜烧烤。我对小伟、小波说，“谢了兄弟，好歹算在老家踢过球了。”

春天，忽然接到电话：小伟在重症监护室了。甭废话了，回去见兄弟一面吧。他是突然感觉头晕，去了盖州医院，已经出血了，后转去了区医院。我看他时，早已失去知觉好几天了，一声声喊他，宛如天外。

小伟走了，正当盛年，毫无征兆地走了，留下身后纷纷扰扰一大堆事情。这个马年，属马的可没少走。我回京那天，也是黄昏，与球场那天的夕阳，是那般相似，又是如此地不同。

伤痛总是难免的

博二的时候，我见天去研究生院，那时有门社会主义经济学的课，主讲老师特别狠，好多江湖成名人物都倒在这道坎儿上。我买了全套资料，下课后还请教了几个问题，转身走时，他叫住我，记下了我的年级与名字。

不出所料，我高分通过的同时，全班三分之一都要补考，一干同学叫苦连天。后来研院搬家了，建欢找我求救，还是因为这档子事，我去了房山，好说歹说了半天，怎么也不行，非得明年再来，摆明了不让当年毕业。

听说我做煤炭生意，他倒来劲儿了，说起业内声望，自称省长都得听他的，还送了一套资料让我学习，曾言道："我让煤价涨，它就得涨；让它涨多少，它就得涨多少。"这话说得，我只觉得一座座大山在飞舞。

除了上课，还有开题，先是参加了乌师兄的活动，好家伙，挺正式啊！我导师原是研究生院副院长，很要面子，对我们在职的尤其严格，他常说一句话："好的开题，等于论文成功了一半。"

不言而喻的还有，可以踢球啊！然后与铎铎、老肖他们到附近喝了顿酒。记得"非典"来了时，全北京比戒严还厉害，不久后，状况好些了，市长发话：户外运动可以。于是，所有球友都出来了，这时候谁还在家憋着啊！

不过，个别院校不让进，八间房就是如此。那些保安全是东城保安公司聘用来的，院方都管不了，个别也有好说话的。我们一兄弟因为与他们起了冲突，连答辩都受了影响，主管院长却说："博士是啥？至少得具备不与保安冲突的素质。"

警报解除，我们踢得更欢了。一次，分组打比赛，有个二年级硕士特别生猛，关键是脚法邪门儿，指西打东、望南踢北，偏偏与我对上了。我暗叫不好，刚说声我靠，球就闷脸上了，眼镜直接把眼眉干开了。

去医院看了看，医生说没啥事，给我贴了张透明胶布。大伙儿看我第二天又去了，都很关心，我也说没啥事，离心大老远的。然后我告诉那位仁兄，既然脚上没有把门的，以后少开大脚，这是小场，又都是同学，他连连点头。

踢野球的都知道，受伤与踢球是孪生兄弟。前不久打中央机关杯，梁磊表现十分突出，可是半场就骨折了，大伙儿忙着给他联系了好几家医院，后来我踢他那个位置，弟兄们都说："滕哥，您可搂着点啊！"

在我三十五年的足球生涯里，受伤算是少的，尤其是年纪大了以后，绝不死乞白赖。建欢很明白，主要安排我踢中场。因为前锋就是挨踢的，不进球，挨踢；进了球，更得挨踢。其次是后卫，你得死贴对手，动作一不合理，得，自个儿伤了。

建欢是受伤最多的，每年都伤，有时重，有时轻，久病成医，加上运动员出身，我觉得他养伤治疗，比一般的医生都强。有年冬天在奥体，建欢在前场跳起来争球，落地时，脚上"啪"的一声轻响，所有人都说听得清清楚楚，果然，后筋断了。

还有个例子，让我记忆深刻。那天在宣武体育场，峰哥跟踩了风火轮似的，怎么踢怎么有，于导就觉得不对，可这事也劝不住啊！在我们后场，峰哥拿球到了右边底线，不知怎的，自己踩球上了，结果严重骨折。

我开车拉他去了附近的广安门中医院，做了各种检查，家里也来人了，虽没说啥，但心里对踢球肯定是有看法的。他是个领导，班依旧得上，单位便派人专门照顾他：上下楼、上下车的，搞得挺麻烦。

这伤一养就得半年，可把拐一扔，峰哥就招呼一帮兄弟喝酒唱歌。记得在大钟寺有家自助 KTV，峰哥大显麦霸本色，声嘶力竭地唱道："受伤总是难免的，你又何苦一往情深……"伤好以后，峰哥驰骋至今。

八间房长大了

我有段时间住在建国门的公寓，不到六十平方米，装修得很好，每天到周围找食，什么驴肉火烧、贵州酸汤、温州海鲜，吃了个遍。时而来朋友，可以去那家小馆，或隔壁的山珍锅，日子过得甚是安乐。

硕士班上有位老哥，多年来对我非常关心，他很喜欢我的书，有次跟我说：“这岁数别折腾了，写写书、炒炒股，多好啊！”博导郑老师也这么说过我。

写到《段子 4：听滕老总讲商场应酬》的时候，开始向专题类发展，即写我经历的上千酒局，但猴脑等血腥场面还是删去了。那时，原来的编辑小郭跳槽了，总让我支持她一下，我说好吧，都挺不容易的，于是写了《做东》，用一百个酒局描述中国史。

再以后，另一位编辑小蒋也下岗了，我说你们小两口儿给我做代理吧，正好遇到了博集天卷的占国老弟，一起策划了民国三百人，出了本《民国大人物》。捎带手，还做了一本《滕老总讲段子》，在机场都有推荐与排名。昨天，汉宁老弟给我留言：“在机场看到了您的书，三十六元，狠了狠心，没买。”

写作是我的最大乐趣，但小孩出生了，我的安静书桌也打破了，继续做事吧。做股票，不是不可以，问题是老郑比我的记录优良，一提炒股经历，她说：“您哪，该干啥就干啥吧。”

最早做股票，是海南恒通的一个什么市场，朋友听我的，扔了二百万元，连水花都没溅起来；第二次是入股润地公司，国内最早的国有地产股份制，好嘛，赶上中农信关闭，又打了水漂。投资的老哥没好说啥，喝多了说过一次：“滕啊，你命里不该干这事啊！”

最不靠谱的是万通那回，中孚老总找我们，朋友拿了大几千万，入资长春百货。结果，他们内部吵起来了，据说老潘等坚持见利快走；老冯说义气为重。最后，万通还是套利了一部分。

功权当时主持这事，特别为难，托中孚那哥们儿找过来，希望继续支持。我那朋友都快跳房顶上去了，发了半天火，最后说听我的。我说那就好办了，把俩董事名额都送给了他们。这事吧，我觉得影响挺大的，砸进了那么多关系，太伤元气了。

前几天，聊起郭广昌，我特佩服他。为啥呢？兄弟伙立身江湖做大的，没几个坚持到底的。万通分道扬镳了，虽说并不难看；季琦、沈南鹏也各自起摊了；真说玩到底的，还是复星哥几个，这里面的艰辛曲折，恐怕是外人很难想象的。

啰七八唆了半天，是说我做不了股票，尽管说起来也头头是道。前几天开全球 PE 论坛，新浩说老项，我没反应过来，进屋才知道是项怀诚。因为我对股市的认识，起源于他的一句话："股市就像啤酒，没有泡沫，那还叫股市吗？"

虽不上班，兜里名片也不少，地产、金融、药业、文化什么行业都有。还真让我做成了好几笔，弄得领导也不好说啥了。踢球那是方便多了，再没人说了，周末固然有的踢，平时也能找场子了。

有一回，建欢通知去东郊，是一家室内场地。我们到了后，突然发觉不对：主办方把日子记错了，明明是周日，通知成了周六。这事太难受了，教授这些人拖家带口的，出来一趟容易吗？这有球不能踢，比有酒不让喝还难过。

主办方跟吃了苍蝇一样，这事不好整啊，而且租场的是北汽，一年五百多亿利税的主儿，财大气粗啊，人家来了二十多口子，憋着劲内部切磋呢。建欢一听是北汽，眼睛立马亮了，拉来了八间房双煞。

北汽带队的是位领导，一眼就认出来了："处长，您怎么在这儿呢？"得，改成友谊赛吧。我还真进了个漂亮球，过人后打凌空，双方水平却在伯仲之间。听着北汽在那儿喊"下脚轻点"，我看了看那位兄弟，暗自感慨："八间房已经长大了。"

喝着小二上球场

近些年，由于酒房房主的关系，八间房与统战部很是亲密，每年都打打比赛、叙叙旧。正规赛事都是上下半场九十分钟，而我们往往分三节，每节三十五分钟。有一次，我开车到早了，统战部的教练盯着我不放，我仔细打量，脱口而出："这不是家驹吗？"

家驹也是女足系列的，有正式工作，平时带带队，不为挣钱，但图个乐呵。我说你不是带着交管局吗？怎么跑统战部来了？他说在哪儿都一样，请我就来呗。一到场上，他还是那么认真，自己带球直冲。一兄弟说："滕哥，这哥们儿比你踢得好啊！"我乐了："那不废话吗？人家专业出身。"

2015年夏天，统战部找建欢，说中直机关第二届圆梦杯联赛，问我们想不想参加。大伙一商量，众口一词地说参加。原本是中办、中宣部、中纪委、中组部、统战部、外联部、《人民日报》及社科院八间房，后来中纪委忙啊，自动弃权，只剩了七个队，打单循环，按积分排名。

第一场打中办，一看也是熟人，我们去沙河跟他们踢过，实力差不多。队长是建欢的武大前任队长，在场上死死地盯住建欢，结果场上比分你追我赶，终场前，科勒一记任意球扳平，双方2∶2打平。

第二场对中宣部，八间房搞学问的多，所以打中宣部根本不用动员。那天来的人特别全，有人就小声嘀咕："每次人来多了，肯定输球。"场地在北理工，本来是草皮场，但与中甲有点冲突，就给了人工的，至于费用嘛，据说没要。

五月的北京还是很冷的，加上下雨，虽然不大，但是不停。我们挤在屋檐下，嘴唇都冻紫了。也不知谁说车上有二锅头，我立马喊道："拿来啊！"兄弟们讲究，让我先喝，咕咚一大口，然后是老石、老杨……

到了场地，老不开球，我问酒呢，老舍赶紧拿来了，又喝了两口，身子算是暖和多了，后来中场休息，我还喝了一点。酒是喝了，腿却软了。按理说，对方实力略逊一筹，可那天怎么踢都不对劲儿。

打了二十来分钟，科勒从左路切了进来，横着把球塞给了我，我一脚搂射，眼看就进了，却突然偏右，擦柱而过。我抱头兴叹："唉，都是小二闹的。"建欢等也有机会，就是进不了，而对方却1∶0领先。下半场，雨势不减，八间房越踢越急，被中宣部又打进了俩球，最后 0∶3 输掉了比赛。

输就输吧，八九个兄弟去了对面小馆喝酒，都说今儿的小酒喝得有问题，我总结说：“赢球的时候，咋地都对；输球的时候，咋地都不对。这个中宣部克咱，那也是没办法的事情。”

第三场对上了老朋友统战部，八间房 1∶0 胜了，我去湖南出差没赶上，据说场面很胶着，算是险胜，积了 4 分，没有掉队。第四场对中组部，对手弃权了，算八间房 3∶0，但有的队 5∶0 胜过，所以，对争冠来说，吃点小亏。

第五场对《人民日报》，原本是势均力敌的比赛，八间房却人品大爆发，老石进球、张队进球、科勒进球，处于进球荒的建欢进了俩球，5∶1 大胜。去的路上，我就跟建欢说：“你就站在对方大禁区前，尽量少回撤拿球，这样威胁最大。”

最后一场是争冠之战，外联部比我们多一分，打平即可夺冠。行家一交手，便知有没有，这个队实力均衡，很有默契，可能想赢怕输，有点放不开，被建欢先进了一个。不过，踢着踢着，外联部还是 3∶1 胜了八间房。

比赛一结束，建欢带着我们排着队，过去握手，祝贺外联部获得冠军，他们显得特别开心，觉得社科院素质是不一样。回去我问建欢，为啥下半场出工不出力？他笑笑，说咱们一打酱油的，拿走冠军不好。

在酒桌上，建欢宣布：好多球队都想跟八间房约球，因为觉得我们：岁数大，球风正，水平一般。

七擒孟获

刚到北京读研的时候，我与妹妹的同学谈朋友，春节去她家，她妈妈做饭，我呢，坐在一边想着帮忙。在那儿择芹菜，我也是犯糊涂，把菜叶留下来，其他都给扔了。这下可留下口实了，越传越邪乎，把我说得跟陈景润似的。

我是从 1981 年开始抽烟的，具体跟谁学的不知道，但有一点很清楚：蹭烟的结果，必然是买烟。可是穷啊，只能卷烟，在辽大时，抽的是交河烟，讲究时，用的是专业纸，凑合着就是报纸。我还笨不会卷，认了同学老任当师父，他在临别赠言时写道："征辉生来二十年，只会抽烟不会卷；不是师父教不善，只怪徒弟太笨蛋。"

女朋友在家排行老八，是她妈的心头肉，看我生活能力这么差，估计也看不太顺眼。不过老太太抽烟，跟我俩咕嘟咕嘟地，挺对撇子。每次寒暑假，都给我带一大包烟叶。但研究生的奖学金挺高，每月将近七十元，所以大家都抽烟卷，比如春城啥的，个别的也抽红塔山。

我踢球不算专业，只是敬业精神足够，所以足球袜子不光能立起来，还能粘到墙上。至少在社科院，这个纪录很难被打破。我1987年毕业后，直到2001年回炉博士，这十五年研院在低潮期，因为那个夏天，也因为招的学生太少。

了解情况的应该是济光，他接着读了博士，据说在西八间房没少运动，我们班的德霖大哥爱打篮球，他肯定还是踢足球。后来济光随社科十八子下重庆，我去重庆看他，足球已经不踢了，乒乓球却打得多了，还当了重庆市乒乓球协会主席。

等到八间房球队成立，基本就是建欢的江湖了，我们这拨儿人心齐，也未停止活动，渐渐地成了气候。可是也怪，踢球真像韭菜，那是一茬一茬的，这几年，又冒出了一个新队长：建先。

这小伙儿戴着眼镜，学经济的，毕业后分到了首师大，看上去一副文质彬彬的样子，一到球场，立马教授变成了“叫兽”，下脚凶狠，跟拼命三郎似的，中前场与拖后都能踢，跟着八间房混了也有好多年了。

有一天，建欢在群里发帖子，说师弟们挑战了，场地费均分，打一次大场。这事当然刺激了老炮儿们的神经，尤其是老石、老汤、春宇等，自然是欣然应战。具体在哪儿踢的，我还真记不住了，有奥体、北医大、地大等，反正吧，师弟们极其认真，输得呢，又极其难看，还真不是水平问题，可能是气场吧，总感觉师兄们压着师弟一头，这玩意儿没辙。

记得第四场，是一个雨天，约在了定慧寺外的园林场地。社科院新来了一个右边锋，踢得很专业，偏偏也怪了，建欢安排我打左后卫，被这小子一蹚就过，弄得我跟拖后的兄弟说：“踢得像风一样自由。”

即便如此，也没什么用，因为我没有丢位，过了我，还有盯人中卫，刚一摆 Pose，我又回来了。那场球赢得嘎嘣利落脆，都以为没脾气了吧，建先又约上了。建欢说不急啊，七擒孟获啊，这才哪儿到哪儿啊！春宇跟着凑趣：“师弟叫孟获队，我们叫啥啊？”老石很严肃地道：“当然是孔明队。”

结果第五场两球领先，空门都不射，还在那儿传呢，最后 2∶2 打平。学弟们欢欣鼓舞，老炮儿们一笑了之，后两场啥时候约，估计是在 2016 年了吧。这使我想起了一件往事。

〇二级有个世华，云南人，瘦瘦的，踢球速度很快。比赛后喝酒，他说：“师兄，我敬您。”旁边有人挑事，说该叫师叔。我端着杯问他：“你导师谁啊？”他说经济所张平，我一听是八五级的师弟就乐了，拍着他说：“那你该叫师大爷。”

您吃早饭了吗？

念书那会儿，有一哥们儿没钱买票，就想混过去算了。那时查票一点都不严，偏偏他长得一脸正气，又时时心虚，被看出来了："票呢？"他还撒腿就跑，被抓住了，一顿收拾，又不肯说出身份，那罪受的。

还有喝酒。那时啤酒瓶子是可以退一毛钱，有的小店老板成心不退，哥儿几个就急了，坐在门前的水泥台阶上，你摔一个、我摔一个，还边摔边骂。有人说研究生就这素质啊？全是上过山下过乡的，没砸店都算是客气的。

喝多了，自然是洋相百出。有一回，我们捡石头砸路灯，扔了半个小时，愣没砸着。还有一回，走着走着，有个哥们儿躺地上了，另一个赶紧拉他，他却说："别动！你看我现在走得多稳！"说着，两条腿在空中摆来摆去，那样子说有多可笑就有多可笑。

有一大哥一贯忧国忧民，老跟我们说："你们都出国吧，我坚守国内。"好嘛，一到1989年，他和阿刚立马熬不住了，到了六月就跑出去了。我们四个没辙啊，考托福、考雅思，仨出去了，就我还没出去。

有一回，我们到圆明园，一片稻田衬着夕阳西下，金黄金黄的。那大哥却诗兴大发，作了一首诗："在蓝色与绿色之间，有我的爱……"深沉而悲壮。我说哥啊，我读一遍行吗？然后用盖县话，故作深沉、悲壮，众皆大笑，而后无语。

那年夏天我回北京，没车进城，我搭便车去了语言学院，遇到很多人，述而不作。又去了人大，见到俩哥们儿，我说怎么着？他俩说你怎么着？我说废话，走啊！我们骑两辆自行车，走在苍茫的夜色里。

那晚路过北师大，我的朋友终究不见，我去了人大，又去了北大，后又去了地大，再去了音乐学院。到处是熟人，但不是熟悉的感觉。后来，我去了北影，见到了一个小女孩，她说，大哥哥你陪我玩吗？我笑笑，陪。

我那时无以排遣，总去北师大踢球，她跟着我亦步亦趋，为我捧着衣服啥的。她是学英文的，说班里有五朵金花，我说有你漂亮吗？其实很否定。她说有，然后见到了一个，是男的。她们班就五个男的。

有一天，她的闺密回家了，我说你也走吧，她说不。然后，她说你带我去长安街吧，我一听，二话不说，借了一辆自行车，带着她去看了夕阳，那天真愉快。车还回去的时候，我也放下了一份心思。

我的托福成绩是 536 分，把复习资料给她了以后，这孩子考了 630 多分，只不过用了三个月。走的时候，我们无语，后来来信，说她那个学校得骑马穿过森林，然后，自己划船抵达小岛。我笑笑，再没有联系，权当是个传说。

据说，这孩子答辩的时候，很有意思，就是犟嘴，谁问她她跟谁吵，最后，所有老师都不说话了。北师大嘛，还是厚道，系主任问她："你吃早饭了吗？"她一愣，说吃了。主任一挥手，对大伙说："那就过了吧。"

女王她二大爷

有次回老家，经过一个路口，有个穿军大衣的人，把我们拦住了。我打开车窗，问他啥事？这人十分严肃，往旁边一指："请走人行横道。"一朋友觉得可乐，拿手机照了下来，另一人说别发啊，这样子不好。

吃饭时说起此事，在座的有位外甥，是盖州精神病院院长，他说现在精神病人太多了，城里的还好点，而农村，哪个村没有三五个？国家管不了，亲人有时管，有时不管，死了就一烧，状况老惨了。

另外一人是院长的铁哥们儿，有回俩人在办公室坐着，突然进来俩人，其中一位警察跟他聊天，另一位直接走到院长办公桌前，问起效益怎么样啊，然后很同情地点头道："太低了，太低了，国家困难啊！"

说话间，他拿起桌上的纸和笔，一笔一画地写着：10000000000，说道："钱不多，你们先花着。"这时大家都反应过来了，押送他来的警察提醒说："这小子有暴力倾向。"临走时，朋友问他："你到底是谁啊？"那人回过头来，一字一板地答道："我是英国女王她二大爷。"

回到北京，一次聊起来，杨哥说国企每年都捐些钱，既是慈善，也可以免税，建议我跑跑，如果成了，顺便做一基金。我把精神病人的事说了，大家都觉得应该搞，集中培训一批发心有证的人上岗，是件大好事。

老冯问有多少人，我说包括吸毒、酗酒在内，官方数字就有一个亿，实际上可能更多。那天也有十来人，大家面面相觑，异口同声说："今儿就有一个精神病啊！"坐在一旁很少吱声的闫肖说："我看，就叫十三分之一基金吧。"

基金没做起来，但事情一直让我耿耿于怀，机缘成熟时，必须还愿的。这么多年，我每次做功课，都会想起精神病患者及其家人：祈愿他们离苦得乐！老冯转向做研究，挂在体改研究会下面，成立了社会调查部，以及公益智库。我闲着也是闲着，挂名做了个研究员。

那段时间，黑豹乐队的老大四哥找我，他在朋友的一家地产公司，请我去聊了几次。那块地有两千多亩，开发用地 5%，也很可观，想搞一个摇滚基地，有很多工作室、演出场地等，但资金链断了，还是在纸上画饼。

老板是老北京，吃的用的都很讲究，他夫人画工笔，送了我们家一幅《喜上眉梢》，至今还保留着呢。那时，我常去陪区里乡里领导喝酒，给出点主意啥的，最近没怎么联系，估计项目应该是差不多了。

有个周末，我和老冯去看项目，中间上厕所，我说要不别喝了，下午六点，八间房在丽都饭店踢小场呢。他说行啊，挺长时间没活动了。到了以后，他与八间房都很熟，以前在手球馆踢了好几年，大家都冯哥冯哥地叫着。

一般都是十五六个人，分成三拨儿，两个球一局，谁输谁下去。我和老冯从 1987 年体改所开始，一直没断过联系，共同创建了英联队，知道他头球出色，就老给他起球，偶尔进一个，也是兴奋得够呛。踢完球，我俩都起了一个念头：该和老女足踢踢球、喝喝酒了。

我们都是北大的

有天，老冯要我去研究会开会，主持的是董姐，讨论湘阴“十三五”规划的事情。我多年沉浮商海，虽说这几年写了些书，距离正规课题还是有些距离。中午吃饭，我自己点了几瓶白啤，美其名曰：“我得过过脑子。”

临到出发了，董姐没来，生病了，这下子担子更重了，整个财政、金融、土地等硬活儿，都压在了我们小组。好在那是老冯家乡，人熟自然好办事。

我是县城出身，对那些运行机制并不陌生，唯一费劲的就是说话，主管的张科长一口湘阴话，听得我云里雾里的。白天听介绍，晚上讨论，渐渐地开始进入了角色。

县里干部其实水平很高，土生土长的不说，一干就是多少年，手头那点事门儿清得很。门儿清归门儿清，表达出来的学问可就大了去了。

大体特点呢，有几个：民生靠中央拨付，建设靠开行投资，说实话，开发行早就成了中国最大的开发商。也有社会融资部分，风险很高，城投公司说，自己只管干活儿，谁来还、怎么还、啥时还，还是上级考虑吧。去问上级，上级也只能指望他的上级。

金融体系不完善，没有上市公司，但都瞄着新三板，政府的奖励政策很有力度。跟企业家座谈，他们倒是实话实说，一个全国调料品牌的老板说，你们想帮湘阴，就干两件事：划归长沙，农村土地流转。

在那儿没球踢，八间房还罚款呢，我给建欢打电话，他说滕哥您没事，主要是罚那几个惯犯。至于酒，可没少喝，虽说政府八项规定了，可老冯亲戚多啊！老妈快九十岁了，那精气神也就六十来岁，洞庭湖养人啊！我跟老冯说："谁要是祝咱老太太长命百岁，那简直有点骂人了！"他听了直乐。

可能是大大重视了"十三五"规划，各级政府来找研究会的越来越多，反正套路熟悉了，干起来就事半功倍。夏天，我们又去了郴州嘉禾县，在火车上，老冯拿张纸，把程序掰扯得清清楚楚，然后说什么脱口秀的事，说我有这方面的天赋，哈哈，这话我爱听。

秋天，我又跟课题组去了一趟汉寿县，助手是社科院的王师弟，配合得煞是默契。等到了晚上，我照例是自己摸出来，喝点小酒、做做足疗。值得一提的是，湖南的土菜太好吃了，尤其是湖鲜，比那些养殖的海鲜强了不知多少倍。

老冯在乡下一个村搞了个调研，在长期观察，家家户户地记录各类活动与数据。我去过一趟，跟老冯说："哥们儿，这事你要是坚持十年，就是梁漱溟、费孝通那个级别的人物了。"他倒不谦虚，点头道："是啊，我们都是北大的。"

我在京自然也忙，好在每周有球事。有一天说是约了个六十岁以上的队，在香格里拉河边。我们没当回事，去了一看，有女足的于萍、小魏、小尹、阿香，我说什么情况啊？她们说踢好几年了，多数是老八一队的，到全国各地，半旅游半踢球的。

这一过招，可不得了，这帮老哥太厉害了，那接球，哧；那传球，砰。不用眼睛看，听声就知道高度在哪儿了。事后聊起来，我说，怎么感觉比杨昊这帮还好啊？于导说，老的那一辈都是野出来的，踢球专心，杨昊那是好的，新的这辈爱好太多了，就是踢球不成。

善哉斯言！专心为不传之秘啊！

闹腾呗

八间房在北工大与望京梦幻踢了一场球，结果输了，后来又比了一次，还是不行。他们布置战术时，让我们听得真真儿的：“社科院就那个十号还行，盯死他，那个队就没戏了。”比赛完了，梦幻张队过来握手，说梦幻就缺这么个好中锋。

算是惺惺相惜吧，加上也住望京，建欢隔三岔五地帮梦幻踢球，经常进球之下，成了队中的支柱。踢业余足球吧，也没个准儿，人多的时候少，经常还是缺人，由建欢在中间这么一撺乎，我啊、教授啊，常去梦幻踢；曹哥、张队也来八间房。

踢了几次后，我发现梦幻有一人特别能跑，尤其擅长接半高球，然后射门得分，有时也罚角球及任意球。记得某回赛后，建欢拉着他过来，说是曹哥，应该比您还大。我们一论，曹是虎尾、我是兔尾，整整大我一岁。我上前紧紧握手：“曹哥，有您在，我这卖老资格的机会是没有了。”

梦幻主场在八十中，是几个在那儿健身的发烧友，发帖子召集起来的。张队是个开发商，很有亲和力，球技并不突出，但在场上特努力，而且不丢位置，跟我是一种类型的。他也喜欢赛后喝酒，与一帮兄弟推心置腹，副队长是个飞行员，踢拖后的，实力很强。

我在梦幻一般打半场，右前卫，进球极少，助攻常有。对手多是朝鲜族的，肯跑动、速度快，在场上咿里哇啦的，但动作不脏。梦幻赢多负少，一输球，准能拉来专业队员，有俩水平绝不在建欢之下。

这几年，建欢的球往下走了，主要是怕受伤，另外有点黏球，总爱踩着球、用大屁股拱人，有时拖缓了比赛节奏。不过，以护球而论，比得上职业球员了，至少比“护球像亨利”的那位大帝强。

我踢了不到两年，有点兼顾不过来了，慢慢退出，去奥体三号场踢九人制的了，有时老了就得服老，万一受伤多划不来啊！后来，曹哥也来八间房了，还与我们一起拿了2015年中直杯亚军。

张队也帮我们打了不少比赛，据说在八间房更容易进球。还有一位老弟也来了，他的边路强突与射门，弥补了好大一块短板。

时间久了，我们这些人往亲情发展了。比如峰哥隔三岔五地请八间房小酌，我们聚会时，他想不来都不行。还有曹哥，总送这送那的，很有老大哥风范，上周八间房聚餐，他拿出两条中华，红红的包装，一盒一盒地扔着，特有过年气氛。

春宇的研究所涉外，看过西甲、英超等现场，把我们给羡慕得够呛。不过，还有更牛的，另一兄弟任商务参赞，公开宣称：八间房到英伦的，一律请看英超。他刚有了龙凤胎，说起来，这才让人羡慕嫉妒。

北京各队都有压队之老，这不奇怪，说是德国八十岁老人还组队打联赛呢。现实生活中，沈阳班哥那是一奇。他任沈阳毽球协会会长，还组建了大班毽球俱乐部，到处去打比赛，拿遍了各种冠军。

我亲眼看到，班哥六十岁的人了，充当辽宁队主力，一次次地网前倒钩得分，或者用身体堵枪眼。沈阳江湖流传一个大班语录，比如把好人介绍给好人，而不要介绍给坏人等，他本人的口头禅则是："闹腾呗。"

牌·球·禅

2012年2月，沈阳出版社为我出了一本诗集《空·地·海》，里面多是五言体，夹杂着学禅感悟，以及游学经验。我一直觉得，作家是要有诗集的，但铎铎不大以为然。建欢则推崇长篇，他说："滕哥，得有长篇啊，比如阿乙。"

何止阿乙，滕达的长篇《神探蒲松龄》都面世了，我还真得抓紧了。有人跟我说，以"球事儿"为基础，出个自传体；也有人建议，索性写本小说。我自己觉得，写到哪儿算哪儿吧，回头再说。

有位老领导几十年来，日日不辍，记了几百万字的日记，极为真实宝贵。我有幸看过部分，被深深震撼。我们聊天时，我说如有可能，想以日记为基础，写一个大部头。

佛教讲缘，啥是缘呢？缘就是条件。在缘分圆熟之前，得有愿，即愿望、发愿。我觉得，那批老三届是历史上极为特殊的群体，他们承载了历史，也将影响历史，对他们的解构，关乎中国的未来。

我周围经商的朋友，多多少少都有点爱好。比如，有几个好打牌的，成宿成宿地打桥牌，甚至找中国女子桥牌队陪练，我说没事吧，那是拿过世界冠军的。我们住隔壁，我回去晚，有次见他们放了几块屏风在桌子上，一问，有人挤眉弄眼递暗号了。我放声大笑，那情状太有喜感了。

有个搞蓝猫系列的孙总，在动漫这块特别资深，见搭档干航运不行，帮忙在杭州搞了块地，还出了些钱。结果，航运那位钱还是不够，躲加拿大去了，过了半年回国，房价涨了好几倍，一下子咸鱼翻身了。还跟我说："不帮不行啊，不帮他，我赢谁的钱去？"

其实，这是特例，好赌的大多无情，因为在一次次的算计过程中，再软的心肠也会硬起来。而好酒的人一般都讲义气，只不过酒后无德，容易犯生活错误。利弊之间，演绎了一句老话：酒，越喝越厚；牌，越打越薄。

说起来，还是踢球人群最好。因为踢球讲究配合，讲究相互关照，而且在过程中有许多的分享。比如八间房也打牌，但不影响感情，因为你赢那俩小钱，还不够去埋单的。

每逢杯赛，八间房便兴奋起来了，建欢总揽全局，下赌盘、算计分，然后安排酒局，小组赛、淘汰赛、决赛等。据说，他们甚至借鉴了澳门的经验。上届世界杯，我得分很低，但最后一下子翻盘了。为啥？只有我在冠军一栏填了：德国。

踢完球，再喝酒，那就不再重复了，仨字：真开心。那天，汤哥留言，让我讲点情色故事。我认真回顾了一下，不能说没有，但是极少，尤其是八间房，以及英联。我每次与于萍她们喝酒，都在感慨：“咱们这些人的关系也忒纯洁了。”

我有四位学佛的师父。净慧法师那里，主要是夏居士，师父圆寂后，现在都在明贤法师座下；梦参长老的弟子们有个群，师兄们天天在晒：多少坐、回向等，让我心生惭愧；觉真长老不用说了，弟子们写文章、出集子，还建了舍利塔。

至于明贤法师，近年来，带着禅学社干了无数大事，包括倡导寺院不收门票，有近千家响应。我感兴趣的，一是读凤凰网佛教在线，二是微信《禅林》，三是去青海北海禅院、武汉石观音寺参学。

最后想说的是，某些群吧，尽是些云山雾罩的佛言佛语，以及不知所云的心灵鸡汤。骨子里，连抱团取暖都不如，不过一些商业心思。嗨，何必呢。

野球考记

“野球”是个日文词汇，翻译过来叫“棒球”。本文谈的野球，是指踢足球，即非职业的业余足球。江湖有一种野球，是用来赌博的，要求球员不惜一切代价去赢球，所以比赛往往很残酷，断手断脚是家常便饭。这种做法在东南亚较多，国内主要是一些足球爱好者，聚集到一起打比赛。

拿北京来说，职业足球队有四家，分别是中超的中赫国安，中甲的北控、人和，以及刚刚降到中乙的北理工。至于业余球队，要分几种情况。一种是叫足球俱乐部的，比如北京老男孩，都是清一水的老国安退役球员，搞得非常正规。还有各区、县的少儿俱乐部，比如于萍带队的宣武女足，有一次我到清华踢野球，曾看到杨朝晖在带孩子练球。

再往下说，则是各单位的球队，中央各部委、北京各局办，各家大企业及各类公司，还有遍布京城的大中小学校，也有自己的球队，每年都搞各式各样的联赛或杯赛，所谓的荣誉感那叫一个强。像社科院研究生院，我们毕业的这拨叫八间房队，与在校的院队经常打比赛，连赢了人家六回，师弟急眼了，拉来了一个半专业山东小伙，破坏了我们的“七擒孟获”计划。

圈子球队也很多，比如老牌的梦舟足球队，全是一、二线的歌手、乐手，水平还特别高，几乎不败，后来拉进了国门付玉斌等，连赵本山都来凑热闹，各地争相请他们去商演，人家还不稀罕去呢。国家围棋队也有个足球队，老乡王磊说经常踢小场，古力几个的水平正经不错呢。

还有就是社区队，在望京差不多有一百多家，叫什么名号的都有。有天，我们两拨踢完，在小饭馆挨着坐着，聊着聊着，便有心一起搞个队，起个名吧，我说老在南湖中园小学踢，就叫“南小足球队”，结果一致通过，现在成员已经五十五位了。

脚是离大脑最远的器官，踢球好的人一般情商、智商都不差，即便是球技平平，但可以在装备上和气势上找平。为此，有人根据多年的野球经历，竟然把野球活动总结为五大步骤：到球场前；赛前热身；正式踢球；闲聊换装；酒局聚会。

首先，是来到球场前，要带两双鞋，一双足球鞋，一双慢跑鞋，后者是为了装出职业范儿；其次，要带一个专业足球包，里面放一个水壶，一个绷带，一瓶云南白药喷雾剂，一双长腿的足球袜，一副护腿板，一件纯棉的T恤，还有球衣、球裤，有时要带一件风雨衣。

球衣最好是专业的训练服，球鞋也不要老是耐克和阿迪达斯，可以选择美津浓、迪奥多纳之类，颜色不要过于艳丽，鞋钉不要穿铁钉的，以免伤人，也不要穿塑料球钉的，那样自己会不舒服，最好穿碎钉的。

热身时，要穿慢跑鞋，开始抻拉：先做一做弓步，再抻拉一下胳膊，接着坐在地上，双腿劈开，用手够一够脚尖。然后慢跑，一般量力而行即可，别把体力搞没了，记住慢跑中，一定要用大腿做一做内外侧的绕环动作。最后是冲刺跑，有变向的那种。

热身结束了，开始换上球鞋，记住要往脚上绑绷带。一方面，让别人知道你有伤，而只有常踢球的人才会有伤；另一方面，绷带有助于保护自己和腿部发力，戴护腿板也是同样的道理。

作为球迷，一般都有自己的偶像，自觉不自觉地会进行模仿。但野球不是英超、西甲，还是有一些基本要领的。

首先，尽量一脚出球。其次，适量地传一些半高球、过顶球，既可能助攻，又表示咱是经常踢大场的；防守时，一定要黏住对方，适当地拉拉衣服啊，捅捅腰眼啊，用膝盖顶顶人家的大腿啥的；被侵犯时，可以做出愤怒的样子，或大声叫出来，总之要演得像。

中场休息和比赛结束后，不要傻呵呵地去聊家常，而是一边放松肌肉，一边大谈战术，回顾场上的亮点。你夸别人多了，人家也会投桃报李，按摩按摩你的痒处。野球比赛多是在周末，好不容易跟媳妇请了假，索性一爽到底，拉几个酒友小酌一下，一大杯凉啤酒下肚，直叫人感叹：人生真美好！

为什么好多职业球员戒不掉酒呢？因为美酒与足球就像是一对孪生兄弟，实在是太难割舍了。我时常挂在嘴边的一句话是：“踢球爽，踢完球喝酒更爽。戒不掉足球，我就戒不掉酒啊！”

比如说高峰吧，现在改打高尔夫球了，但球是一定要踢的，即使是在职业生涯中，他也是照喝不误。有位队友评价说：“高峰的身体素质异于常人，不管怎么喝，他不长小肚子。第二天只要跑步发发汗，照样打比赛。”他自己也不在乎，认为只要不影响训练与比赛就行。

那时的媒体常有类似的报道，德国人施大爷多年后说：“高峰？高峰不好，天天只知道drinking、drinking、drinking，girls、girls、girls。”重庆力帆的李章洙教练曾讲：“一天半夜，我去高峰房间突击查房，他一直在喝，已经喝醉，我一数地上开过的啤酒罐，一共是六十八个。”

与职业足球相比，野球更接地气，更富有趣味性，其发展历史也源远流长。国际足联前主席布拉特曾说：“足球起源于中国，并从那里传到了埃及，而后又从埃及传到希腊、罗马、法国，最后才传到英国。”这是否意味着，野球的历史是从中国开始的？为了这个话题，我们哥儿几个就着啤酒聊了整整一个晚上，自豪地认为：马拉多纳、梅西算啥啊，咱老祖宗踢蹴鞠那会儿，你们的老祖宗还不知道在哪里和尿泥呢。后来查资料，早有资深者在故纸堆里对此做了一番详细考证，且听其慢慢道来。

最早的野球爱好者是刘太公，即汉高祖刘邦的父亲，据汉代刘歆所著的《西京杂记》卷二记载：老头从老家沛县到了长安后，很是闷闷不乐，原因是皇宫里斗不了鸡、蹴不着鞠了。他的十世孙刘骜也深谙此道：“成帝好蹴鞠，群臣以蹴鞠为劳体，非至尊所宜，帝曰：‘朕好之。’”

霍去病远征大漠，为了鼓舞士气，经常带士兵们踢球，这可是《史记》记录的；还有外戚梁冀，挽满、弹棋、格五、六博、蹴鞠，无一不好、无所不精，《后汉书》称其为运动全才。

《资治通鉴》卷二百五十三记载，唐僖宗李儇“好骑射、剑槊、法算，至于音律、赌博，无不精妙；好蹴鞠、斗鸡，与诸王赌鹅，鹅一头至直五十缗。尤善击球，尝谓优人石野猎曰：‘朕若应击球进士举，须为状元。’”这也算是人类史上最早的赌球了。

《唐摭言》卷十五有件趣事，说翰林承旨学士王源中有一次踢球争头球时，被人把额头撞破了，依旧带伤作战，唐代宗紧急召见时，问明缘由后，不仅不怪，还命人端来二十碗酒，见他喝完后仪容如旧，索性连装酒的金碗也赐给他了。

《宋史·太宗本纪一》记录：“三月戊子，会亲王、宰相、淮海国王及从臣蹴鞠大明殿。”这或许是世界上最早、最高规格的国际足球赛了，这些球员的身价更是难以计量。

《宋史》还有：怀州人李邦彦，俊爽美风姿，为文敏而工。然生长闾阎，习猥鄙事，应对便捷；善讴谑，能蹴鞠，每辍街市俚语为词曲，人争传之，自号李浪子。大观二年，上舍及第，步入仕途，最终官至宰相，人称“浪子宰相”。

宋代王明清所著的《挥麈后录》卷七里写道，高俅本是苏东坡的书童，后来又跟了驸马王晋卿，有次给端王赵佶送礼物，正巧球落在了脚下，一时技痒地露了一手，结果被留了下来。等到赵佶成了徽宗，高俅自然也水涨船高起来。这个故事通过《水浒传》早已变得家喻户晓。

相近的故事是秀才柳三复，天天守候在权臣丁谓家球场的墙外，一天，果然拾到了丁谓踢的球，抱还时，他把手中的球抛在空中，一面跪拜，一面用肩、背、头顶球，那球竟一直未曾落地。丁谓看了这种表演，不由得哈哈大笑，给了他一个小小的官职。这事见于刘邠的《中山诗话》。

毕沅在《续资治通鉴》卷一百记载，南宋建炎元年，曲方任沿河安抚使，此公老当益壮，驻扎韩城期间，每天都要蹴鞠几场。有一天，金人偷偷从上流沿河而下，奔杀而至，曲将军却只顾在球场上卖弄球技，结果来不及应战，只好狼狈而逃。

宋代是中国足球运动的鼎盛期，而后日趋衰微，却也不乏野球爱好者。宋濂在《元史》里记述，张翥少负才隽，豪放不羁，好蹴鞠，喜音乐，不以家业屑其意。张士诚的弟弟张士信，打仗时也不忘载着妇人、乐器自随，日以樗蒲、蹴鞠、酣饮为事，部将往往效之。故而被朱元璋大败。

沈德符在《万历野获编补遗》卷三编有："宣德间，汉府军余王敏善蹴鞠，宣宗喜之，阉为内侍，后进太监，镇守陕西。"只是不知，阉了以后，是踢得更轻松了，还是裆下无根？正德年间，还有一球星太监张忠，与大盗张茂财结为兄弟，引入豹房，侍帝蹴鞠。这是张廷玉编在《明史·宦官传》里的。

明代时，士大夫阶层仍流行踢球，不少球技都很高明。如《万历野获编》中记载："近在都下见王驸马、张缇帅诸君，蹴鞠俱精绝。"张岱的《陶庵梦忆》卷四记载："杨四、徐孟雅到庙蹴鞠，张大来以'一丁泥、一串珠'名世。球著足，浑身旋滚，一似黏而有胶、提掇有线、穿插有孔者，人人叫绝。"

说起来，中国女子足球运动也是世界最早，据考证，汉代时就有了女子足球队。五代后蜀妃子花蕊夫人既是教练又兼队员，屡战屡胜，自己写诗为证："自教宫女学打球，玉鞍初跨柳腰柔。上棚知是宫家队，遍遍长赢第一筹。"

明崇祯帝的田皇妃也是位刘爱玲似的人物，王誉在《崇祯宫词》里赞道："锦罽平铺界紫庭，裙衫风度压婷婷。天边自结齐云社，一簇彩云飞便停。"见于记载的女球迷，当属明代金陵妓女马如玉，看完女子足球比赛后，激情写了一首《蹋球》诗：

"腰肢袅袅力微微，滚滚红尘指羽衣。偃月鬓边星欲坠，石榴裙底凤比飞。"

到了大清，八旗子弟骑马玩鹰，却少见足球场上的飒爽英姿。至于《京都球侠》，用辫子击球入网的动作，纯属吸完大烟泡之后的荒谬意淫。而今，中国国力位居全球老二，虽不复唐宋盛世之况，但那些遍布京城的上万个野球部落，也正是中华民族崛起的点点希望所在啊！